环境艺术设计系列教材

灯具与环境照明设计

裴俊超 编著

西安交通大学出版社
XI'AN JIAOTONG UNIVERSITY PRESS

内容简介

本书对灯具设计、环境照明设计、工程照明设计的思想和方法进行了详细的阐述，重点对灯具设计，装饰与艺术照明、环境照明以及光源、灯光的设计与配置、装饰照明的艺术处理的思路和方法进行了具体的介绍，并在每页配以大量的图例以帮助读者加深对内容的理解。全书通过对《灯具与环境照明设计》理论的专业讲解，目的是让学生掌握和了解相关知识内容，延伸探索专业深度的兴趣，拓宽思路，提高设计品味。

本书作为高校环境艺术设计专业教材，适合于开设该专业的高校使用，亦可供环境艺术设计从业人员阅读。

图书在版编目(CIP)数据

灯具与环境照明设计/裴俊超编著.—西安:西安交通大学出版社,2007.1（2020.8重印）
ISBN 978-7-5605-2421-4

Ⅰ.灯...Ⅱ.裴...Ⅲ.建筑—照明设计
Ⅳ.TU113.6

中国版本图书馆CIP数据核字(2007)第004398号

书　　名　**灯具与环境照明设计**
编　　著　裴俊超
出版发行　西安交通大学出版社
地　　址　西安市兴庆南路1号(邮编710048)
电　　话　(029)82668357,82667874(发行中心)
　　　　　(029)82668315(总编办)
传　　真　(029)82668280
印　　刷　广东虎彩云印刷有限公司
开　　本　889mm×1194mm　1/16　　印张 6　　字数 175千字
版次印次　2007年2月第1版　　2020年8月第7次印刷
书　　号　ISBN 978-7-5605-2421-4
定　　价　59.00元

读者购书、书店添货，如发现印装质量问题,请与本社发行中心联系、调换。
订购热线:(029)82665248　(029)82665249
投稿热线:(029)82668284

光与影……

自序

我喜欢灯具和照明，迷恋光影的变化，
在光色游离间，我会感到愉悦。

有光就有影，有影就有体，有体就有空间。
皆因光线的照射，世间万物，
才会轮廓明晰，体态必显，
一切有了存在的意义。

空间是一种三维概念，
空间中的光影可以无穷变化，
在变化中，
空间层次得到升华和提炼。

一只灯，一烛蜡台，
本身包括光色，同时又体现造型，
功能与艺术的结合，完成了灯具的有效存在。

当我们顿足在一只灯具前，
惊奇于其光色的变化，感触于其材质的奥妙，
灯具仿佛具有了生命，
牵引着我们的思绪，与其共同呼吸……

因为有光，所以才能够看见物体。因为有阴影，所以物体才感觉是立体的。光与影或明与暗是彼此依存互补的二元现象。缺少阴影或暗面，光所传达的信息与营造的效果会失色不少。均质泛照的空间仿佛多云的阴天单调乏味。亮度变化及光影互动才能突现物体的立体层次，使视觉环境生动有趣。光影所构建的图案大量存在人的视觉环境中，光所产生而形成的韵律具有激发情绪的力量，使视觉充满惊奇和喜悦。

灯具与环境照明设计

目录

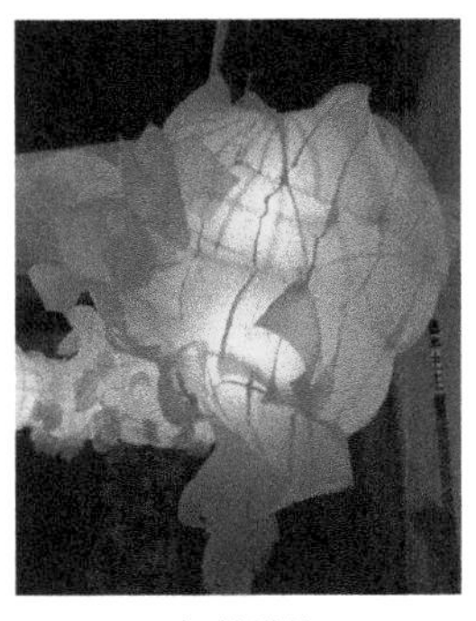

灯具设计

环境照明设计

工程照明设计实例

第1章 灯具设计

第1节 灯具史话

灯具是一种生活用具，其功能是满足照明需要。在功能前提下，灯具的艺术性和装饰性会陶冶心境，渲染生活品质。灯具的存在不仅完备了建筑的内部功能，而且由于灯具的使用灵活性，使空间处理得到丰富的延伸。

人类从石器时期就开始取火用光来改善自身的生活起居及作息环境。光可以延展人们生活作息的活动时空。随着人类社会的发展，人们采光的形式也在逐渐升级，但从刀耕火种到火烛、油灯，这期间经过了漫长的阶段。直至19世纪80年代，爱迪生将电波转换成光波，整个人文史便开启了新的历史变更时期。

20世纪人类借助着电力，把黑夜照如白昼，“秉烛夜谈”的时代已经过去，进入新的时代，人们的生活水平大大提高，仅仅是照明已不能满足人类的需求，人们正以千姿百态的灯，变幻莫测的光，营造多彩的夜晚。人造光成为建筑的构建，成为人们生活必不可少的一部分。

从19世纪至今，大约一个多世纪以来，城市灯光照明经历了白炽灯、紧凑型荧光灯、高强度气体放电灯三个过程。当代随着电子技术、激光技术、信息技术、光纤和导光管、发光二极管等技术的迅速发展更使灯光照明环境亮丽多姿，缤纷幻彩。

图1-1-3 白瓷杯具灯饰

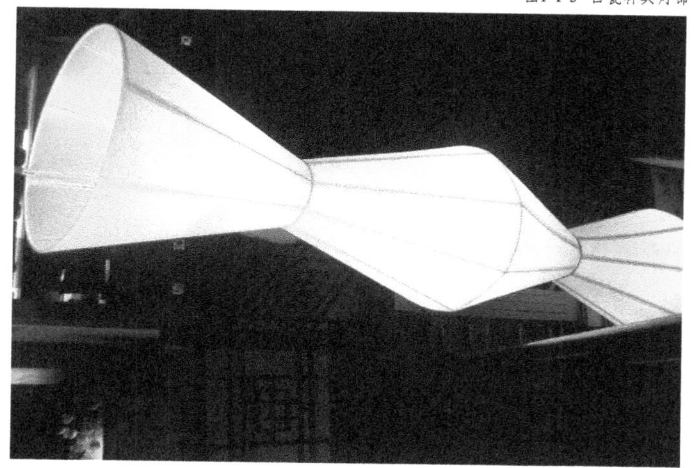

图1-1-4 布艺锥型灯柱

图1-1-1 两款风格不同的台灯

图1-11-2 中式西瓜灯

1.1 灯具的产生与发展

远古人在与大自然的斗争中，为了取暖和驱赶野兽，保护自身，学会了“钻木取火”。火的使用，改变了人类历史进程，火不仅带来熟食和温暖，更重要的是带来光明和生存的勇气。这一时期，火是神圣的，对火的崇拜应运而生。随着社会的进步，社会生产力得到一定的提高，陶制品开始出现，人类有了简单的生活用具，照明也出现固定的盛具，如陶灯、石灯等简单形式，火种主要以动、植物油为主要燃料。

中国最早的灯具是新石器时期晚期至战国时期的一种陶制灯具。晋代郭璞注《尔雅.释器》有“瓦豆谓文登”，古代称灯为“镫”,“镫”和“登”通用。镫由豆发展而来，上面敞开有浅盘，中间有高柄，下面为喇叭口形圈足，在豆的浅钵中置灯芯和油脂来照明。两汉时期，灯具的制造得到了迅速的发展，以青铜为主的灯具无论在造型、装饰、工艺和制作上都已十分成熟。出现了“河北满城长宫信灯”，“河北平山银首人佣灯”等稀世珍品。这一时期陶质灯具在中下阶级中流行，尤以豆形陶灯、俑形陶灯最为常见。

魏晋南北朝至宋元时期，青铜灯具基本消失，陶瓷灯具主要是瓷灯占据主导地位。从造型上讲，一是多带乘盘形座，二是人物器座减少，动物器座增多。三是单体盘和钵作为灯盏增多。四是出现了节能和防风灯具。陆放翁在《斋居记事》中说：“书灯勿用铜盏，为瓷盏最省，蜀中有夹瓷盏，注水于盏唇窍中，可省油文半。”这种夹层注水降温的省油灯，是宋代的一大发明，一直延续到明清时代。唐代时期出现了唐三彩灯、白瓷灯，并出现了一种具有插置独把和乘托油盏的两用灯具，称之为灯台或烛台。

图1-1-5 花枝型壁灯

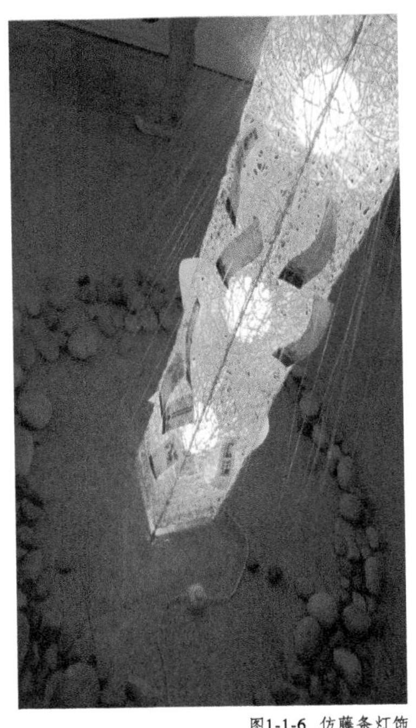
图1-1-6 仿藤条灯饰

图1-1-7 欧式铁艺壁灯

明清时期是中国古代陶瓷发展最辉煌时期。灯具和烛台的种类和质地更加丰富多彩。富丽的官窑灯具和官灯的兴起，开辟了灯具的新纪元。这一时期的灯具发展五花八门，各式各样，既有照明工具，也有供人玩赏的工艺品。灯具随着使用部位的明确，有了固定的形式，台灯、落地灯、吊灯形式出现了。灯具由贵族社会开始进入平民百姓家中。大量的喜闻乐见的形式和体裁在民间流传开来。如宫灯、走马灯、南瓜灯、月亮灯等。灯具的材料也多样化，陶制的、木制的、竹制的、纸制的、纱制的等，丰富了灯具的形态。此时的西方，由于文化源别不同，灯具的形式较为烦琐，体量较大，雕刻精美，铜制、铁制、石制、水晶、玻璃材料使用较多。

各朝代的灯具主要以植物油脂为燃料，19世纪后期，煤油传入我国，20世纪初煤油灯在我国广泛流行。这一时期，由于燃料本身原因，灯具照度受到限制。

19世纪晚期，美国人爱迪生利用炭化的棉线作灯丝，把它放入真空玻璃球内，使棉丝燃亮了几个小时，从而获得专利。随后，爱迪生又建立了世界第一座电力站和电网。可发电900马力，供7200灯泡用电。1905年，用拉制钨丝作灯丝的白炽灯出现了，延续至今。发电站和白炽灯的发明，预示着电照明时代的开始。电的发明改变了历史的进程。电灯的使用使世界充满光明。随着大工业革命的深入发展，灯具制造开始由手工制作向机器生产转变。20世纪初，受到现代设计思潮的影响，灯具制作无论在材料、形态、工艺、数量上都有了较大的发展。灯具设计的概念开始确立。设计思路由传统向现代简约，个性方面发展，灯具设计的新纪元到来了。

日常生活中，由裸露光源放射的光往往不能满足现代照明的需要。因此，为了得到舒适的照明环境，就要控制与调整由光源发出的光，这就产生了灯具。灯具是光源、灯罩和附件的总称，可以分为功能灯具和装饰灯具两大类。灯具除具有光学机能外，还具有用于供给和控制光源电能的电气性能和用于支撑、保护、装饰光源的机械性能。装饰灯具一般采用装饰部件围绕光源组合而成，它的主要作用是美化环境，烘托气氛，故装饰造型、色泽放在首位考虑，适当兼顾效率和限制眩光等要求。功能灯具则以提高光效，降低眩光影响，保护光源不受损伤为目的，同时有一定的节能和装饰作用。室内装饰灯具包括室内固定式装饰灯具和室内移动式装饰灯具，有吊灯、吸顶灯、壁灯、空调灯、应急灯等等，这些灯具有的固定安装在建筑物上，有的本身就是建筑物的一部分，其艺术风格与建筑物融为一体，使人们在建筑物中得到舒适的光照与艺术享受。

由于各类室内固定式灯具安装的场所不同，灯具的功率、结构不同，所起的作用也不同。有的作一般照明，有的作局部照明，有的作应急照明，有的在低温状态下照明，也有的能在易爆环境条件下照明。

图1-1-8 一组由玻璃、铝片、石子、莲花组合的灯饰效果

1.2 灯具的式样与文化

灯具形态的演变，取决于人类生产生活的需要。文化背景的影响带来了灯具的独特性。由于不同地域不同民族的文化差异，形成了风格迥异的民族特色。原因是多方面的，如社会文化艺术的发展和影响，审美层次的区别，物质水平的差异，民族特性与生活方式的不同，社会制度以及地理环境，风俗习惯的影响等，造成东西方在灯具处理上的明显差异。东方文化较为含蓄，灯具形式质朴，材质轻盈。纹样上多为福、禄、寿、禧图案或琴、棋、书、画以及历史文化传说和民间典故等内容。如“八仙传说”，“五福献寿”，“招财进宝”等。灯具的体量相对较小，材质多为木、瓷、陶和青铜等。西方比较喜欢以动物、植物和宗教典故作为纹样形式。如，狮虎纹样，材料上多以金属为主。工艺上多为雕刻，体量相对较大。现代灯具，东西方在形式上差别不大。当前，在设计思潮大同前提下，材料、工艺、造型已不是灯具唯一的衡量标准，科技化、多功能化成为新的发展方向。随着科技进步，灯具世界也发生了新的变化，越来越多的科技型灯饰进入灯饰行列。

音乐灯饰。开灯后，乳白色灯罩中就会映现出红、黄、绿等多种颜色的灯光，同时传出银铃般动听的乐曲。

光导纤维灯。开灯后，它变幻出的各种色彩，像纷飞的礼花。光导纤维灯是在透明的灯罩中，放置一簇白色塑料光导纤维，其一端集束研磨，另一端设计成各种字样和花草鸟兽等装饰图案。灯座下端装有一只灯泡，灯泡和光导纤维之间有一个自动变色转盘，转盘上安装薄膜滤色片。当转盘移动时，滤色片使灯光变色，通过光导纤维传送，丰富的色彩便映现出来了。

山水画壁灯。开灯后，塑料片开始转动，同时由微型电机将光源作特殊的处理，使光线时明时暗，秀丽的山水立时展现。

幻影灯。这种灯具主要采用可控硅调压装置，灯体形似一个玻璃筒，里面盛有两种互不相溶的液体，一为水，一为彩色油液。灯座内装有光源，发光后利用这两种液体因受热引起的比重变化，出现不规则几何图案，忽而呈蝌蚪形，忽呈蘑菇云彩，各种图案上下翻滚，妙不可言。

太空灯。太空灯利用奇妙的光学效应，通电后，灯饰背面瞬间产生特大的空间，使原有的灯泡个数魔术般地增加几十倍，让人产生“扑朔迷离”的感觉，广泛用于现代建筑、舞厅、会议厅、餐厅、酒吧、咖啡厅、娱乐场以至家庭居室。

图1-1-9　布艺铁枝台灯

图1-1-10　一组构成形式灯饰

图1-1-11　由立方体自组合的灯饰

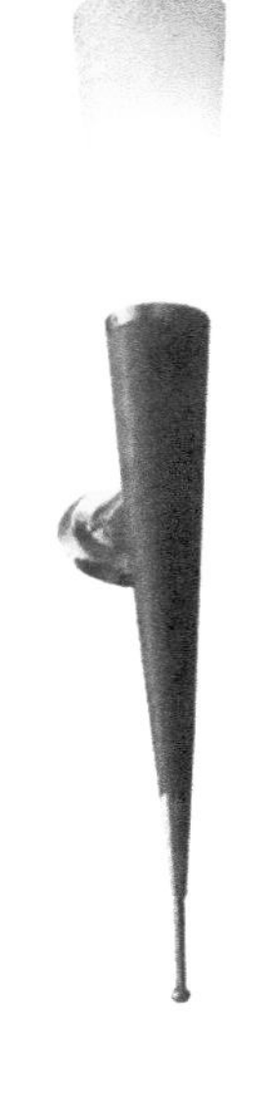

图1-1-12　枝状壁灯

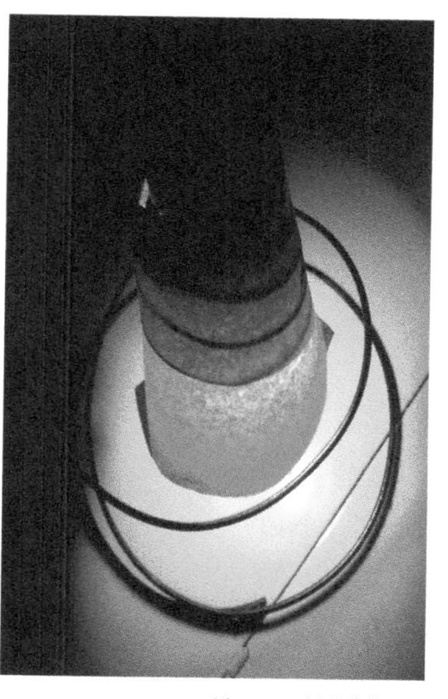

图1-1-13　纸艺铁枝灯饰

1.3 灯具的发展趋势

现代照明技术的不断进步，使灯具在满足实用需求和最大限度地发挥光源功效的前提下，更注重灯具外观造型上尽可能美观、舒服、耐用等装饰性美学效果，由此形成了现代灯具发展的四大趋势。

1.3.1 追求光源上的高效节能

近年来，随着节能照明设施和技术的推广，节能型照明设计和技术已成为灯具厂商最为关注的问题。灯具要实现高效节能，首先应采用节能光源，这是高效节能灯具的前提；其次是按照节能光源的尺寸形状，精心设计灯具的光学系统，真正提高灯具的有效利用率。在此基础上，一些公司正在进行"革命性"的照明发明，即通过光纤和光导管，将主光源的光传送到用户手中，可免除用户各种电源接插件，减少安装的繁琐，达到改善照明品质、高效节能和保证安全的目的。

1.3.2 注重灯具和照明系统的集成化技术开发

现代灯具的调光手段比以前更先进、方便和灵活多变，除了在灯具中设置调光装置和开关装置外，还用带集成化的红外接收器或遥控的调光装置对投光光源进行调光。

利用电子计算机遥控和室内电脑照明控制系统，可随自然照明程度和昼夜时间及用户的要求，自动改变室内装饰照明灯具光源的状态，将整个照明系统的参数设置、改变和监控通过屏幕实现。

使用场景选择器和光源及低压照明系统一道工作，用通常的连线把灵活多变的照明设计和多点控制结合起来。这种场景调光器和远距离场景控制器可多路安装，随意组合，使用于会议室、博物馆等场所，非常方便、灵活，控制效果显著。

集成化技术正在与现代灯具的发展逐步接轨，各类灯具采用集成化电路后，节能效果显著。

1.3.3 多功能小型化方面的进展

随着紧凑型光源的发展，镇流器等灯用电器配件的超小、超薄及各种新技术、新工艺的不断采用，现代灯具正在向小型、实用和多功能化方面发展。

首先，紧凑型荧光灯在现代灯具中使用范围增大。最初的紧凑型荧光灯具主要集中在台灯开发方面，现在已逐步扩展到各类照明灯具、各种照明场所及功能性照明灯具的开发上。此类灯具大多采用电子镇流器并配以设计独特的反射器，灯具效率较高，若再加上电脑和红外遥控等装置，则更经济实用。

其次，各类小型灯具的设计更加精巧和合理。如：英国所恩公司生产的一种微型聚光灯，这种灯每根光纤的引出端均装有各种光学附件，包括棱镜、透镜、光栅等，用以控制射束，功能独特，体积小巧。

另外，为了适应现代建筑室内大小多变、功能多变的灵活性要求，尽可能地利用建筑空间，方便人们生活，多功能组合型灯具也就应运而生。

1.3.4 由单一的照明功能向照明与装饰并重方向转化

现代灯具正处于从"亮起来"到"靓起来"的转型中，在照明及灯具设计中，更强调装饰性和美学效果。在此背景下，现代灯具的设计与制作者重新运用现代科学技术与美化艺术的结合，集灯具照明、装饰和工艺于一体，将古典造型与现代感相融合，淘汰了过去一味追求表面华美的造型及过分装饰的风格。现代灯具的造型追求简洁明快，突出了现代照明技术的作用，既强调个性，又强调与背景环境的协调，注重表现灯具材料的质感。功能型复合式照明灯具发展的特点是：为了保证照明条件和视觉的舒适感，灯具大都配有各种系列成套的配件选择，以便用户根据需要自我调整。总之，反映现代灯具产品水平的重要标志之一就是看其能否在协调整个环境的同时突出自己的特点和其特有的装饰效果。

图1-1-14 金属瓶座灯饰

图1-1-15 纸质瓶状灯饰

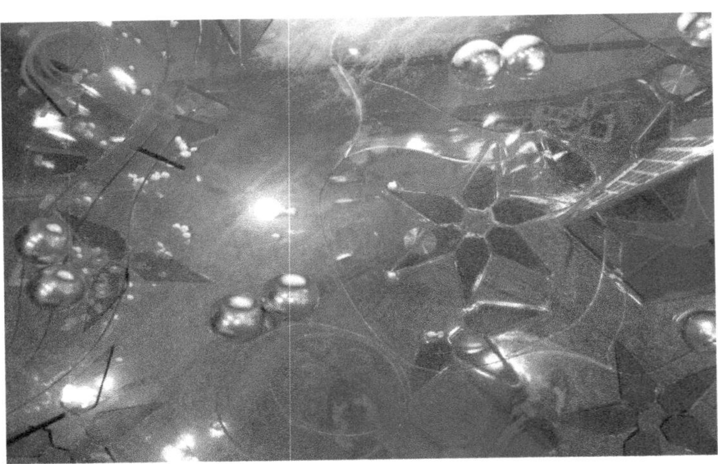

图1-1-16 玻璃灯饰

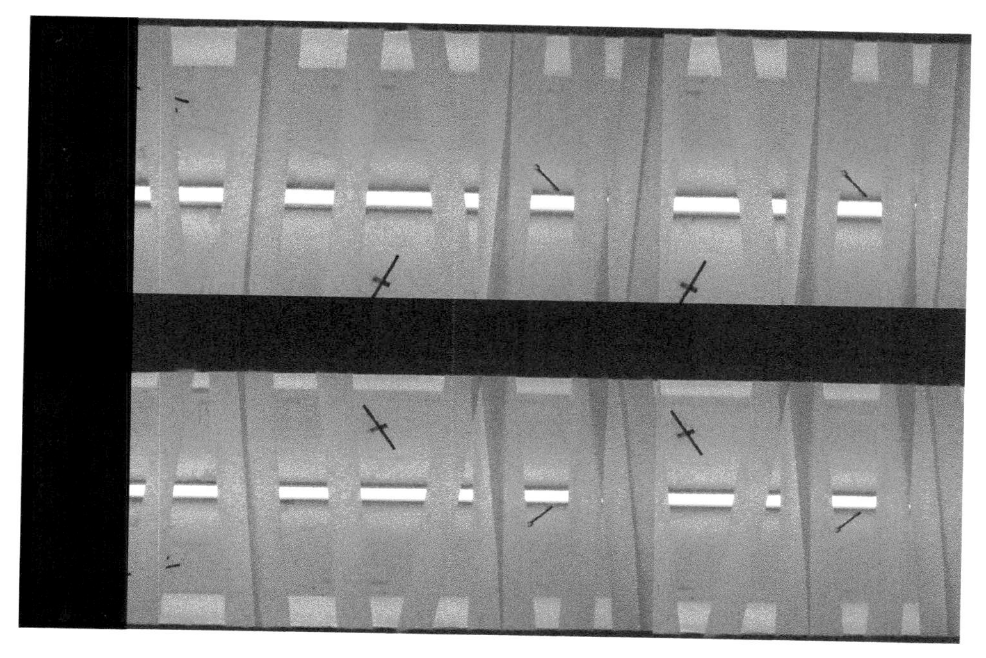

图1-1-17 一组纸与荧光管组合的灯饰

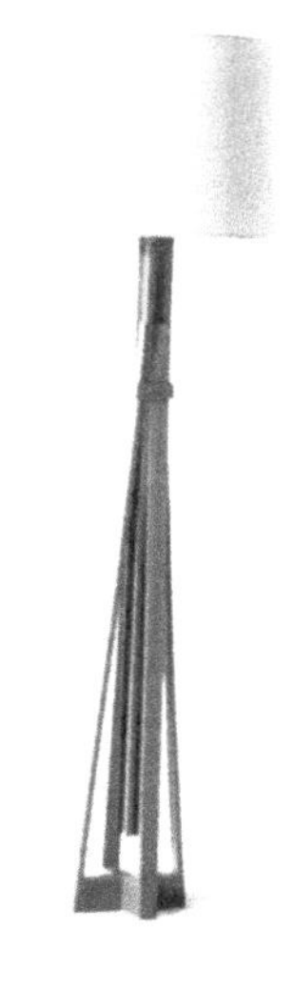

图1-1-18 布艺与木座组成的北欧式灯具

1.4 灯具的性能、功能及用途

1.4.1 灯具的性能

日常生活中，由裸露光源放射的光往往不能满足现代照明的需要。因此，为了得到舒适的照明环境，就要控制与调整由光源发出的光，这就产生了灯具。灯具是光源、灯罩和附件的总称，可以分为功能灯具和装饰灯具两大类。灯具除具有光学机能外，还具有用于供给和控制光源电能的电气性能和用于支撑、保护、装饰光源的机械性能。装饰灯具一般采用装饰部件围绕光源组合而成，它的主要作用是美化环境，烘托气氛，故装饰造型、色泽放在首位考虑，适当兼顾效率和限制眩光等要求。功能灯具则以提高光效，降低眩光影响，保护光源不受损伤为目的，同时也起到一定的节能和装饰效果。

无论是功能性灯具还是装饰性灯具，首先考虑其安全性，如光源的保护，灯体的机械强度，灯具及表层处理的防护等级，电器性能指标，工作温度要求及标志要求等。

图1-1-19 仿生塑料灯具

1.4.2 灯具的功能及用途

灯具照明有两大功能，一是基本功能，服务于人类的生产、生活和娱乐、休息；二是装饰功能，是要创造一个使人愉悦的理想环境。具体表现在以下几个方面。

1. 利于活动

照明的主要功能，或者叫基本功用，就是要保证人们各种活动正常进行时所需的光量。因为无论是休息或工作，无论是集体或个人，必须在相应的光照条件下，才能开展适当的活动。尤其是对光照条件有特殊要求，需要精力高度集中的操作活动，一定要经过科学的计算，合理的选择，确定光源的投射方向、角度、照度和色温等等。一般情况下，活动的时间越长，操作越精密、越复杂，所需要的照度就越高，同时对照明的质量要求也就越高。例如要求光线尽可能地均匀分布，避免光线直射眼睛而产生眩光，色温要适宜，以保证对被照射对象色彩辨认的准确性等等。

图1-1-20 金属与玻璃结合的灯具

图1-1-21 简洁的现代风格灯饰

图1-1-22 纸质落地灯

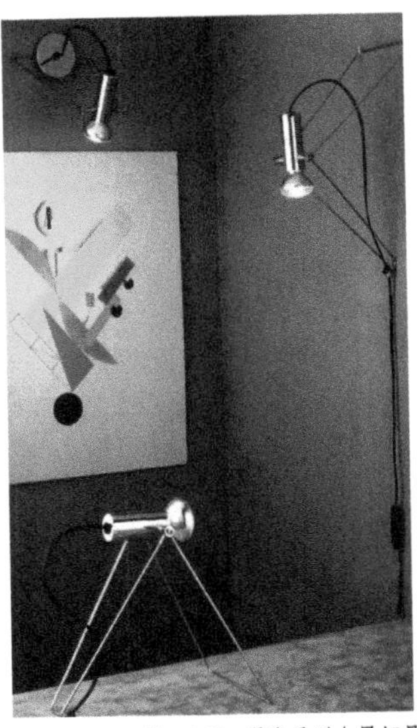
图1-1-23 现代系列金属灯具

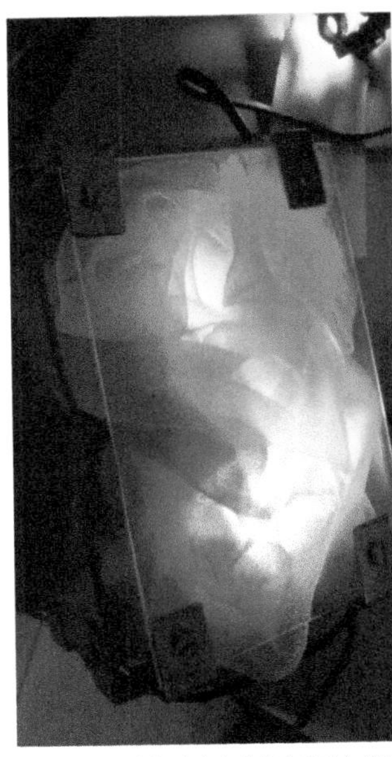
图1-1-24 有机玻璃与纱带来的迷幻效果

2. 有利健康

室内光线的质量对人的身心健康具有直接的影响，尤其对眼睛的影响更为直接。如果一个人长期在光线过暗的环境里生活，则容易在生理上产生一系列不正常的反应，如紧张感、疲劳感，甚至会导致视力减弱。同时，采光方式和受光料选用不当也会给人们健康带来不利影响。如“眩光现象”不仅会造成对正常生活的干扰，而且还会造成人们心理上的不适和伤害。

3. 增强美感

照明除要求具有实用功能外，还要求具有增强环境气氛的美学作用。这种作用主要通过两个方面体现出来，一是灯具的造型，另一个就是特殊的光照效果。用灯具造型增强环境气氛的主要途径是通过选择灯具的形式来烘托和渲染气氛。比如为了创造华丽、高雅的室内环境气氛，就可以选择一些丰富多彩、动感强的小巧灯具形式。总之，灯具形式的选择对创造不同的室内环境气氛具有重要的作用。

用不同的光照效果也可创造出不同的室内环境气氛来。如以反光灯槽为主的漫射光，可以使室内环境产生宁静、柔和的亲切效果。再如投射灯由于光线集中而强烈，会给室内空间造成生动感人的艺术效果。总之，在创造室内环境气氛时，决不能忽视照明形式的设计。反过来说，相同的环境或对象，由于照明方式不同，它所产生的效果也是大不相同的，甚至会产生完全不同的效果来。

图1-1-25 用椰壳和不锈钢支架制作的灯具

第2节 中国灯具发展简史

远古时代，人类没有灯具，没有火种。而黑夜从来不是人类的朋友，它桎梏着先民们原本低级的生存活动，也为野兽的肆虐和侵袭制造了可乘之机。这一切，因火的使用而发生了翻天覆地的革命。火，结束了“茹毛饮血”的时代，驱散了虫豸和野兽，也消减着人们内心深处的恐惧和忧患；同时，人类渐渐地有意识地固定火源，而这些用来固定火源的辅助设备经过不断改进和演变，也就出现了专用照明的器物——灯具。

早在战国时期，中国就有了自己的灯具，此后连绵不断发展至今。大量的考古资料表明，中国古代的灯具不但种类繁多，而且极具实用性和时代性，许多设计新颖、造型别致的灯具还是精美绝伦的艺术品。

在古文献中，“烛”是照明用器的最早称呼。《仪礼·燕礼》云：“宵则庶子执烛于阼阶上，司官执烛于西阶上，甸人执大烛于庭，阍人为大烛于门外。”《礼记·曲礼上》也云“烛不见跋”。郑玄注：“烛，燋也。”另，贾公彦疏：“烛，燋也，古者无麻烛而用荆燋（荆燋，一种灌木名，种类多，多生于原野，其枯木枝条易燃）。”故《礼记·少仪》云：“主人执烛抱燋。”郑云：“未爇曰燋。但在地曰燎，执之曰烛，于地广设之曰大烛，其燎亦名大烛。”可见，西周时“烛”应是一种由易燃材料制成的火把：没有点燃的火把通称“燋”，用于把持的、已被点燃的火把称之为“烛”。

图1-2-1 豆型灯盘

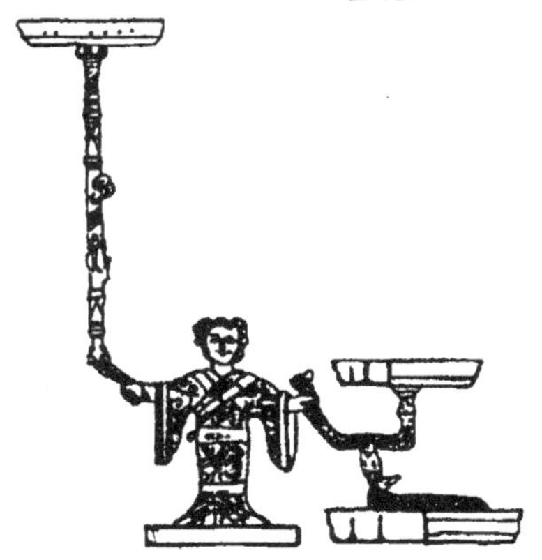

图1-2-2 河北平山银首人俑灯

战国时代又出现了“镫”的称呼。在史诗《楚辞·招魂》中，屈大夫有“兰膏明烛，华镫错些”的记录。战国时期的灯具不仅有陶质的、青铜质的，还有玉质的。现存玉质灯仅见故宫博物院一件，造型十分精美，成为传世品。这个时期的灯具造型各异。在河北平山县中山王陵墓出土的一件十五连枝灯，形制如同一棵繁茂的大树，支撑着15个灯盏，灯盏错落有致，枝上饰有游龙、鸣鸟、玩猴，情态各异，妙趣横生。今天的人们把这种灯具称为“多枝灯”，而把有人俑形体的灯称为“人俑灯”。后者上的人俑有男有女，多为身份卑微的当地人形象。持灯方式有的站立，两臂张开，举灯过顶；有的蹲坐，两手前伸，托灯在前。一俑所持灯盘1～3个不等。

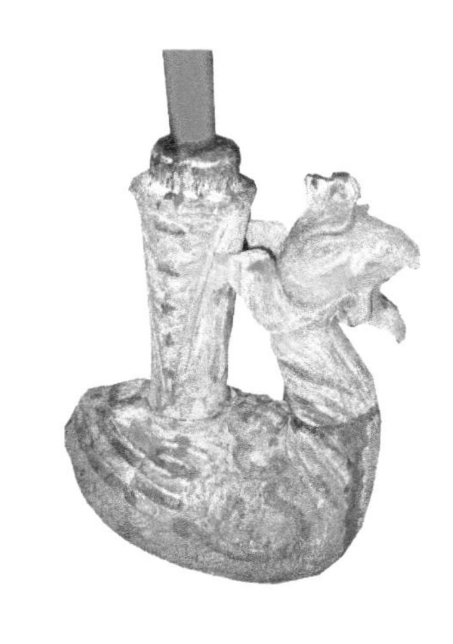

图1-2-4 汉代凤首烛座

图1-2-3 河北满城长宫信灯

图1-2-5 一款古代清花瓷质烛台

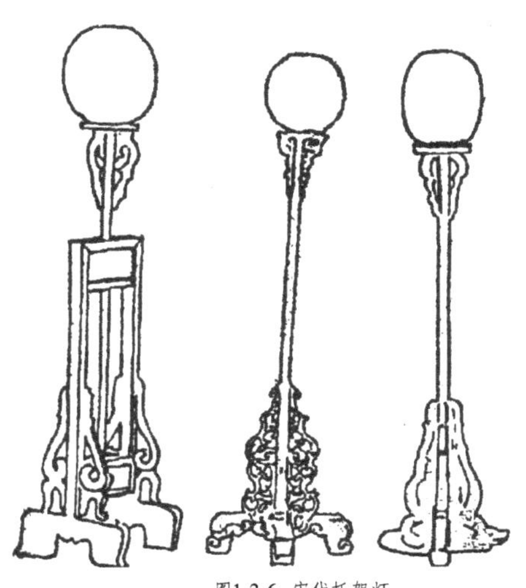

图1-2-6 宋代托架灯

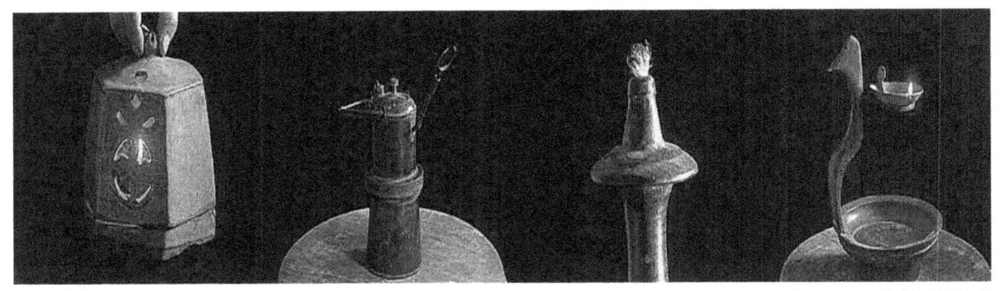

图1-2-7 四款古代民间灯具

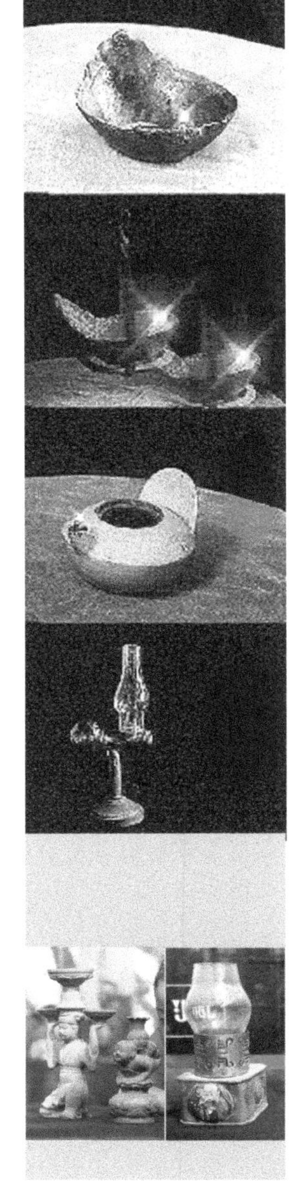

图1-2-8 六款古代民间灯具

还有一种被称为“仿日用器形灯”的，主要仿照“豆”、“鼎”、“簋”等较为常见的器皿。1974年在甘肃平凉庙七号战国坟墓出土了一件铜质的仿鼎灯。全器由身、盖键、耳几部分组成。身呈鼎形，下有三蹄足、双附耳，耳上侧有键槽，两侧穿孔，中贯铁柱。盖顶中心有一托，双侧两鸭头旋向状，盖反转，中心有锥尖凸起。上盖后放下双键，旋动盖间两鸭头部即紧扣锁上，成一鼎形。打开时先旋盖再开键，即成一灯。构造相当巧妙。

到了秦代，灯具铸造极其华丽。《西京杂记》卷三记载：“高祖入咸阳宫，周行库府。金玉珍宝，不可称言，尤其惊异者，有青玉五枝镫，高七尺五寸，作蟠螭，以口衔镫，镫然，鳞甲皆动，焕炳若列星而盈室焉。”

两汉时期，我国的灯具制造工艺又有了新的发展，对战国和秦朝的灯具既有继承又有创新。并且由于这一时期盛行“事死如生，事亡如存”的丧葬观念，使本为日常生活用具的灯具也成了随葬品中的常见之物。众多出土文物表明，这一时期的灯具不仅数量显著增多，材质和种类也有新的发展，这说明灯具的使用已经相当普及。从质地上看，在青铜灯具继续盛行、陶质灯具以新的姿态逐渐成为主流外，还出现了铁灯和石灯；从造型上看，除人俑灯和仿日用器形灯之外，还出现了动物形象灯；从功用上看，不仅有座灯，还有行灯和吊灯。

铁质灯具的出现与当时冶铁技术的进步及铁器的普遍运用密切相关。但是在全国范围内出土的铁质灯具并不多见。河南洛阳烧沟一座东汉墓出土的铁灯，高达73cm，下部有一圆形底座，中间有一灯柱，沿柱向四外伸出三排灯枝，每排四枝，共十二枝，每个枝头都有一圆形灯盏，在灯柱顶上站立一展翅欲飞的瑞鸟。这种造型堪称当时铁质灯具的代表。

魏晋南北朝至宋元时期，灯烛在作为照明用具的同时，也逐渐成为祭祀和喜庆等活动不可缺少的必备用品。在唐宋两代绘画，特别是壁画中，常见有侍女捧烛台，或在烛台点燃蜡烛的场面。在宋元的一些砖室墓中，也常发现在墓室壁上砌出灯檠。

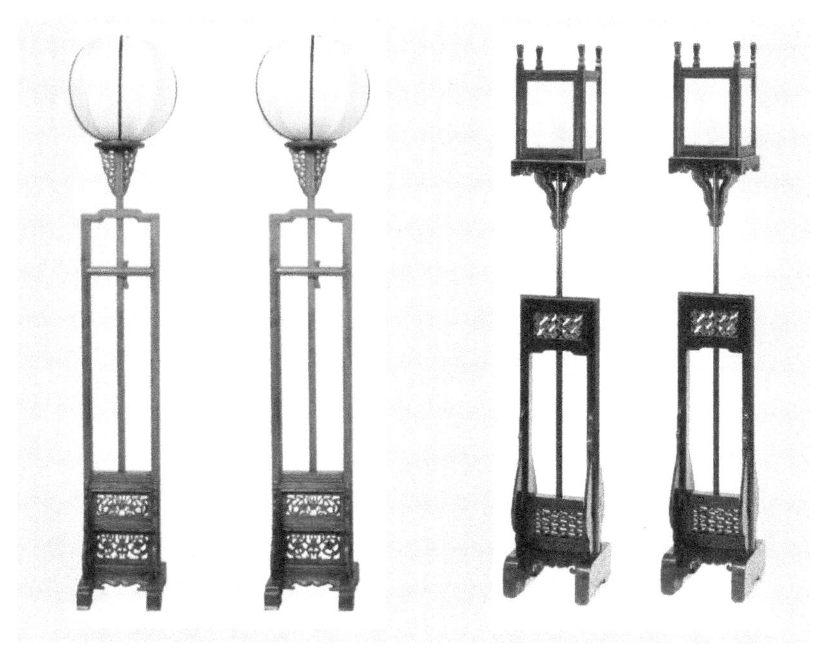

图1-2-9 两款木制插把灯架

图1-2-10 绿釉瓷烛台

图1-2-11　中式中堂典型布置方式

图1-2-12 蓝釉狮身烛台

明清两代是中国古代灯具发展最辉煌的时期，最突出的表现是灯具和烛台的质地和种类更加丰富多彩。在质地上除原有的金属、陶瓷、玉石灯具和烛台外，又出现了玻璃和珐琅等材料的灯具。种类繁多、花样不断翻新的宫灯的兴起，更开辟了灯具史上的新天地。

宫灯，顾名思义是皇宫中用的灯，主要是些以细木为骨架镶以绢纱和玻璃，并在外绘以各种图案的彩绘灯。在清代，宫灯由于珍贵竟然成为皇帝奖赏王公大臣的赐物。《清朝野史大观》有载：“定制岁暮时，诸王公大臣，皆有赐予。御前大臣皆赐岁岁平安荷包一件、灯盏数对。”

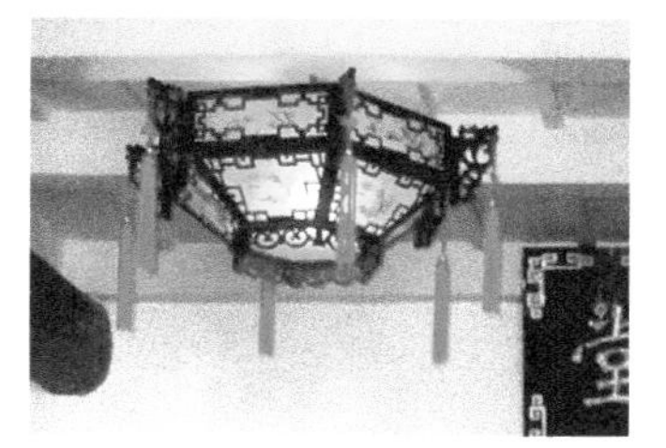

图1-2-13　八角吸顶宫灯式样

明清的宫灯主要以细木为框架，雕刻花纹，或以雕漆为架，镶以纱绢、玻璃或玻璃丝。清檀萃所著《滇海虞衡志》里有“料丝灯”（即玻璃灯）的制作、传入京城，以及在民间兴衰的详细记载。“料丝灯出永昌，言取药料煎熬，抽丝织之为灯，故曰料丝。其药料则紫石英、钝磁、赭石之属，不一类也。始出于钱能，以此进上，不使外人烧造。能去，始习为之；顾更精，长大几二三倍，价甚昂，烧造者死，其子传其法，人竞烧之，价益贱，为之者遂不能精矣。宦游者罔不取之。”宫灯作为我国手工业制作的特种工艺品，在世界上都享有盛名。

我国的灯史，是一幅卷帙浩繁的艺术长卷。在世界尚处于火光照明的历史时代里，中国的灯文化一直享有盛誉。即使在电子灯具日新月异的今天，每逢元宵佳节，我国许多地区家家户户依旧张灯结彩，正可谓“月华连昼色，灯景杂星光”，其景物之瑰丽，蔚为大观。

1879年在大洋彼岸爱迪生发明了白炽灯，人类从此跨入了电气照明的新时代，但是国人自制灯具却是在20世纪初期。我国电光源工业历史较短，大部分企业是1958年-1960年期间问世的，国内光源设备的发展大致经历了自行研制、大批量引进到消化发展几个阶段。目前在引进国外先进光源的基础上，我国已研制设计出了许多符合我国国情的电光源生产设备，使我国电光源装备水平不断提高。

图1-2-14　八棱悬吊宫灯式样

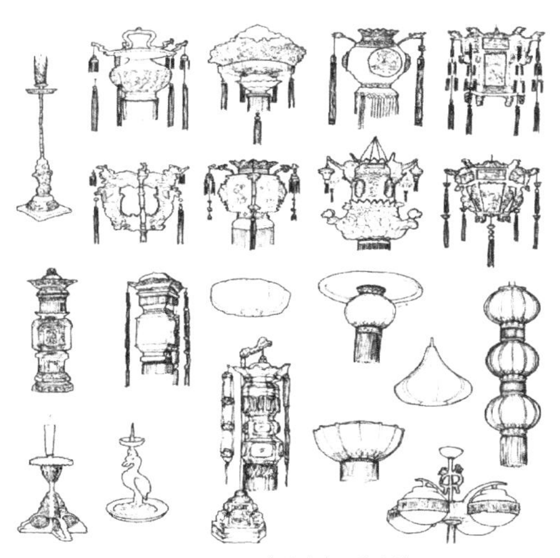

图1-2-15　多款中式灯具式样

图1-2-16　中式院落典型布灯方式

第3节 灯具的设计与制作

3.1 灯具设计的定义与原则

3.1.1 灯具设计的定义

灯具设计是在用途、经济、工艺材料、生产制作等条件制约下，制成灯具图样方案的总称。所以说，灯具设计是研制产品的一种方法，它以组织美的生活环境为前提，以现代工业技术为手段，重视使用者心理上的需要，着眼于功能与美的协调，是一种有意识的造型活动。

3.1.2 灯具设计的原则

灯具设计一要满足使用要求，适应各种活动的功能要求；二要考虑材料加工的工艺条件，使灯具得以生产实现；三要适合人们一定的审美要求，逐步形成一个时期的风格。使用功能、物质技术条件和造型的形象是构成灯具设计的三个基本要素，它们共同构成灯具设计的整体图。三者之间，功能是前提，为设计的目的，被视为基本要素；物质技术条件是保证设计实现的基础，造型是设计者的审美构思，其式样创造被视为它的主要特征。只重功能而无良好造型式样的灯具，只能算是粗鄙的产品；只重形式而无完美功能的灯具则无异于虚假的饰物。基于这种认识，唯有功能和形式高度统一的灯具，才能兼顾身心双方的需要。

1. 使用功能

功能要求是指灯具的使用性质，是造型的目的，对结构和造型起着主导和决定性的作用。灯具的使用功能以舒适和方便的光效为基本要求，以灵活多变的布置和丰富空间气氛为原则，以使用耐久和易于维护等为主要条件。

(1)舒适和方便。灯具以正确的尺寸、合理的结构和优良的材料，达到符合人体生理上舒适的效能。重视造型和色彩等视觉因素，以满足人心理上的愉悦观感。

怎样才能满足灯具功能使用上的要求，首先必须了解人体与灯具的关系，把人体工程学知识引进到现代灯具设计中来。凡是与人体活动有关的因素皆应合乎人体工程学原理。选用适宜的材料和结构，使其为功能服务，放松情绪、消除疲劳，可达到有益人身心健康的目的。

(2)灵活与调节空间 。灯具的灵活性使空间产生丰富的层次感，灯具的可移动性，可调节性使空间利用异常方便，从而使空间秩序产生趣味性。

(3)耐用与易于维护。灯具是日常生活用具，与人类生活形影不离，坚固耐用安全，并易于清洁是灯具设计中值得注意的问题。灯具的维护包括清洁、修理和重新表面处理等工作。灯具的设计和加工还应具有防裂、防污染和耐热、耐冲击等综合特性，以使维护工作减少至最低程度。

图1-3-1 三组风格迥异的灯具

图1-3-2 杯状玻璃灯具

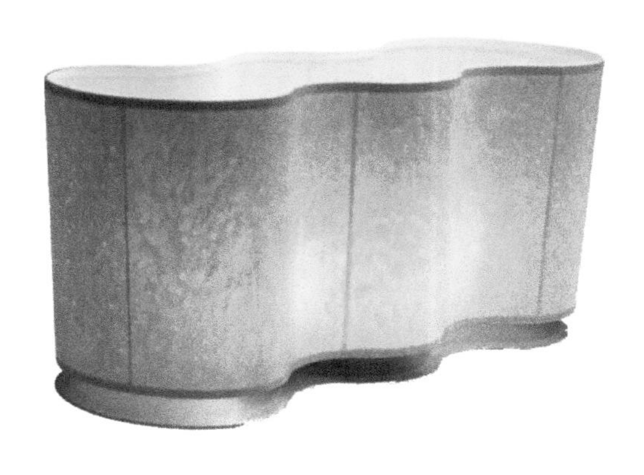

图1-3-3 用木皮制成的灯具

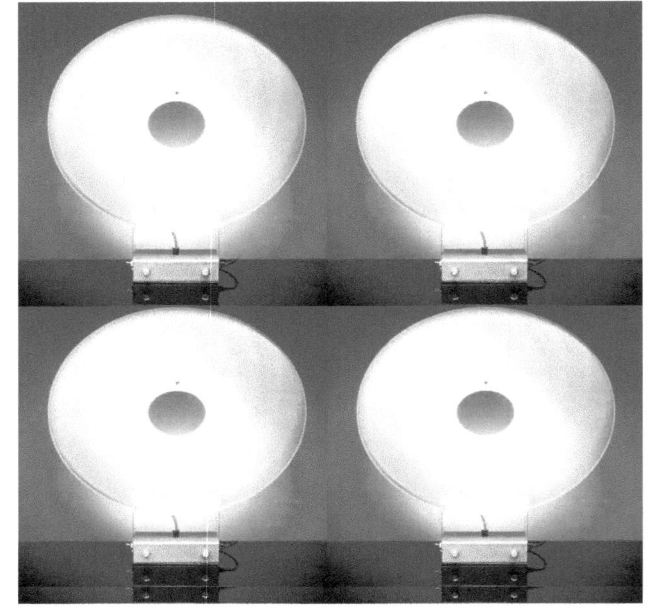

图1-3-4 圆形玻璃灯具

图1-3-5 多款木座支架台灯

2. 物质技术条件

灯具是以物质产品的形式出现的，要通过物质技术等手段才能完成。图样的设计意图必须结合生产，符合生产的客观规律，并和实际的物质材料结合起来，才能变成物质产品。材料、技术、构造是灯具的重要物质技术条件。不同的材料、技术、构造所表示出来的不同结构特性，是造型设计上最具明确性和最富表现力的基型，运用得当，会得到显著的经济效果。因此，充分利用物质技术条件，善于发挥和运用材料、技术、构造的不同特点，是灯具设计的一个重要原则。

(1)材料的运用 。灯具的物质属性决定于生产所用的材料，它不但是制作的先决条件，也直接关系到灯具设计的效果。灯具设计用材种类很多，每一种构造材料都具有各自的特点，木材的天然纹理，竹材的挺拔滑润，金属的光洁细腻，大理石的晶莹剔透，各有自己的物质属性，从不同的方面给人以美感。灯具设计一方面要选择适合功能要求的材料，另一方面能符合设计者的艺术构思。“按料取材，因材施艺”是材料运用的最好方法。此外，饰面材料的图案纹样和质地色彩的选择也决定着灯具艺术的效果。

(2)技术的运用 。灯具产品的生产过程，包括加工工艺和装饰工艺两种。加工工艺是造型得以实现的手段，装饰工艺则是完美造型的条件。在整个生产过程中,加工工艺和装饰工艺是生产加工艺术、技巧、技艺的综合，二者之间必须互相结合、渗透，互相促进。不同的材料和加工技术会在视觉和触觉上给人不同的感觉，使物体产生轻重、软硬、冷暖、透明或反射等不同形象感，从而影响灯具的外观。也就是说，灯具在生产制作过程中，通过技术加工，每一工序将产生不同效果的理性美。车削加工具有精致、严密、旋转纹理的特点；铣磨加工具有均匀、平顺、光洁、致密的特点；模塑工艺具有挺拔、规则、严正、圆润的特点；板材成型有棱有圆，界面分明，曲直匀称。设计时，尽量把每一工序的情况考虑得比较充分，从不同角度来选择技术加工方式，使技术与设计有机结合起来。

(3)结构的运用 。在灯具设计中，结构和外形都是互相联系的，很难把这两项工作严格分开，在决定了一件灯具的结构后，这件灯具的外形就已被局限于某一个范围之内。同样，决定了外形之后，结构也受到一定的限制。构造复杂的灯具，生产费工费时，不但增加造价又给维护带来困难。脆弱之构造，则是不成熟的设计，所以灯具的结构是灯具设计很重要的一环。结构的选用要根据灯具的类别和使用的场合来决定，并与材料的属性相协调。

图1-3-6 玻璃莲花纹灯饰

图1-3-7 圆柱状灯饰

图1-3-8 现代简洁灯饰

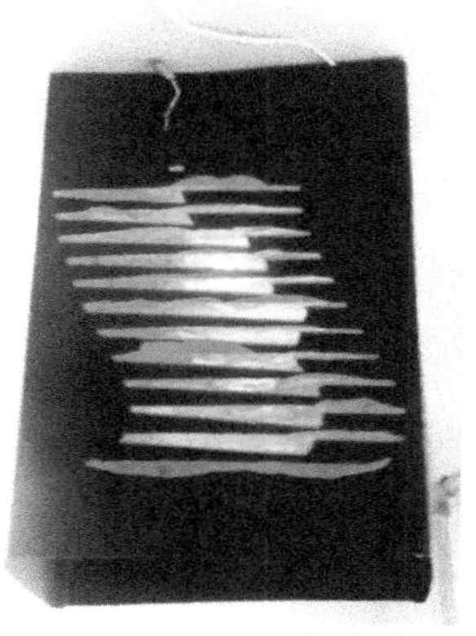

图1-3-9 仿手提袋灯饰

图1-3-10 仿莲叶灯饰

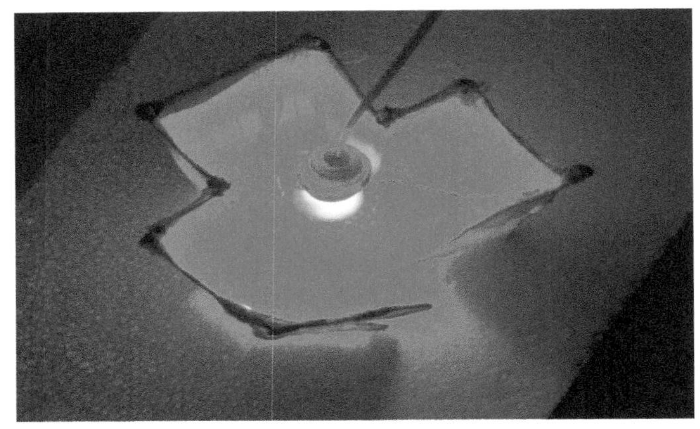

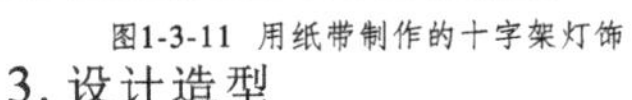

图1-3-11 用纸带制作的十字架灯饰　　图1-3-12 方柱横纹树脂灯饰　　图1-3-13 红色纸制作的灯饰

3. 设计造型

灯具造型是功能、技术、艺术的综合表现，在原则上，灯具造型的形式决定于功能的要求，同时必须重视制作上的各种条件和因素。在日常生活中，灯具首要的目的是为了使人类生活、工作，及各类活动方便，同时还起着美化生活的作用，使它与建筑、室内外陈设布置形成一个优美、舒适的生活环境。

灯具造型同其他工业品一样，它的思想性通过材料、式样、形态和风格表现出来，给人一定的艺术感受，其表现形式是各种线型和体面关系的组合，以及材料的质感和色彩。

灯具设计上的一些要素及设计原理是多方面的，它们之间互相依赖、渗透、穿插、重叠并互相促进。无论用什么手法造型，其最终目的都应达到下列几点要求：

(1) 灯具造型必须满足功能使用要求。

(2) 灯具的形体力求简洁并与良好的工艺结合，降低成本。

(3) 灯具外观的形式美，应是美的规律的综合体现，要求形体完整，重心适度，比例恰当，既有平衡之优美又有均衡之严整。造型整体的线、面、体、色彩和质地协调。体量的分布和空间的安排力求层次分明，并与建筑、室内环境空间相统一。

灯具造型除了应该研究它自身的设计生产外，还应考虑它本身与周围环境相互联系问题。从表面看，灯具的视觉形式主要表现在本身的造型、色彩和材质等要素的共同创造上，实际上灯具是放在一定空间之内的，它同时必须凭借室内其他形式条件的相互配合，才能获得完整的美感。也就是说灯具本身的美观条件固然重要，但必须与室内外的整体形式取得和谐的关系，才能真正发挥它的完美的视觉效果。作为一名灯具设计者，除了应具备灯具本专业生产、技术、设计理论与技法外，还要了解生活，熟悉建筑设计、室内设计。这是因为在社会发展的各个历史阶段中，灯具往往与建筑组成为有机而统一的整体，在用料、生产制作上都相互统一，风格式样相协调一致。因此，它和建筑、室内环境无论在尺度、体量、造型和色彩等方面因素都具有密切的关系。

图1-3-14 用绳索和树枝制作的灯具

图1-3-15 红色塑料制作的灯饰

图1-3-16 漂色藤条灯饰

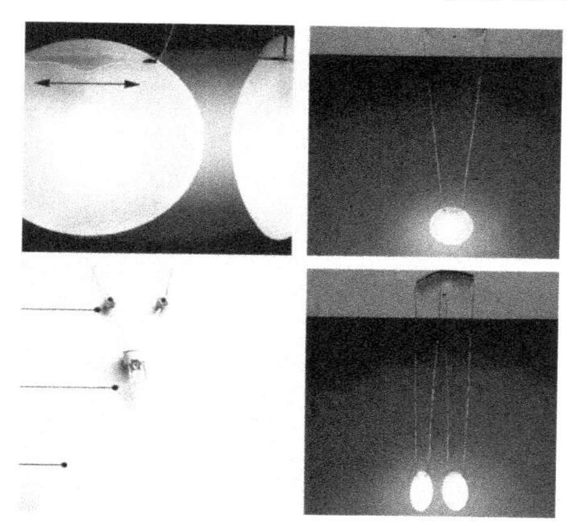

图1-3-17 线面构成的现代灯具

3.2 灯具设计程序

灯具设计程序是从许多设计实践中总结出来的一般规律和方法。过去，灯具一直处于手工业方式生产，设计者就是生产者。或者在一些熟悉的灯具中找出缺点，并着手制定出能避免这些缺点的方法，以此作为一种设计的依据，这种传统的无序设计方法，虽然能把设想变成现实，但却存在着许多问题，不能满足现代生活的需求。实际上，灯具从最初的设想变成现实，其间必须经过许多步骤的设计过程，充满了尚未解决和需要解决的许多问题。所以，严密的灯具设计应包含贯穿于从最初设想到产品完成有一个逻辑顺序的一系列步骤，对灯具的功能、材料、技术、造型等各方面加以协调解决，使灯具达到完整的设计要求。

灯具设计程序是保证设计质量的前提，以图纸、模型、预算等形式表达设计的意图，可分为方案设计、技术设计两个阶段。

3.2.1 方案设计

当设计师接到设计项目后，首先作方案设计，在进行设计之前要了解所要设计的项目类型，是客户委托设计，还是企业自行开发设计。但不论哪一种类型都要熟悉了解设计任务书，根据要求收集资料，用草图和示意模型，进行构思设想，把较为模糊的、尚不具体的形象加以明确和绘制成方案图和模型。最后编制一份完整的设计方案。内容包括：①设计说明；②设计图样；③彩色透视效果图；④模型照片；⑤概算。最后装订成册，提供给客户或有关部门进行审批。

1. 资料收集

资料在灯具设计中起着参考的作用，能扩大构思，引导设计，为制定设计方案打下基础。资料内容广泛，可从多方面进行。

(1) 广泛收集各种灯具设计经验、国内外灯具科技情报与动态、中外期刊设计图集、工艺技术资料等，借以开阔丰富的设计构思。

(2) 对委托设计项目进行调查，收集了解设计的客观环境，摸清要达到的式样、价格及工艺上的要求，更全面地为设计提供资料。

(3) 企业自行开发设计的项目，产品须有竞争力，要站在为使用者服务的基点上，从市场调查上收集资料。内容包括：市场上出售产品的式样、产地、投放时间、成本情况、销售价格及销售情况；产品采用的新材料、新工艺情况；不同年龄组、不同地区对式样的喜好程度和购买率等。

图1-3-18 同质同形的两款灯具

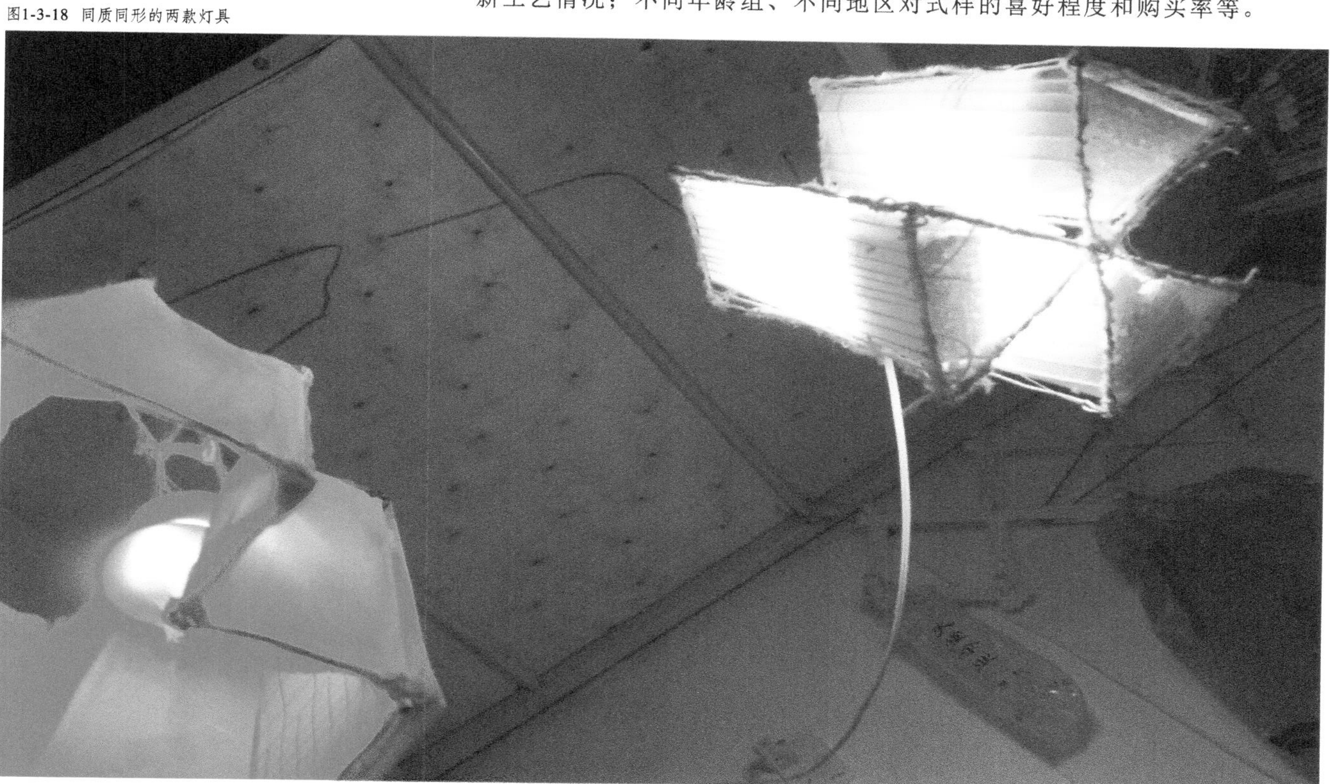

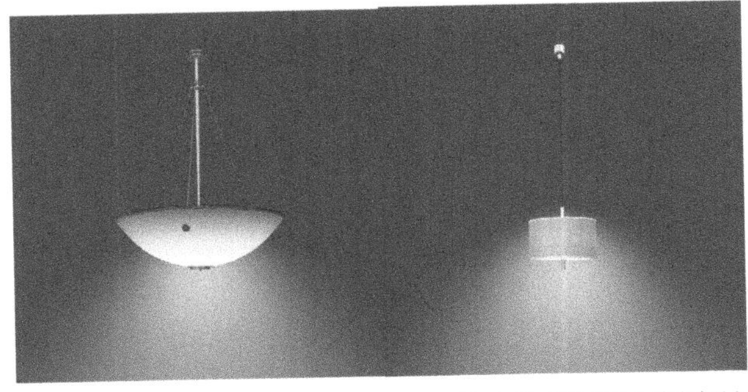

图1-3-19 两款圆形金属玻璃吊灯

图1-3-20 波浪形塑料灯具

图1-3-21 黑色有机玻璃灯饰

图1-3-22 墨竹纹样纸灯

2. 构思方案

经过设计的准备阶段，掌握了设计的必要资料后，就可以进入设计方案构思阶段。构思的过程往往是把较为模糊的、尚不具体的形象加以明确和具体化，并用草图配合示意模型的方式记录下来。

(1) 构思方案。 构思是设计人员提出解决问题的尝试性方法，即按设计意图通过综合性的思考后得出的各种设想，通常称为“创造性”的形象构思。在这个思维过程中有许多意念因素要加以综合处理，使之协调才能完成。然而这种思维是看不见的，只是在脑海中进行，以幻想的方式来构思。在设计构思中，诸如环境气氛、灯具式样、构造、材质、色彩的表现等均为连续性的形象构思。

a.环境气氛。 设计构思的环境气氛要依该灯具使用的地点及使用的对象层次而定，一般日常生活中的灯具，多数是明亮、欢畅和具有家庭生活气氛的；而沉着、幽暗和时髦的则属于共用环境和高层次的。

b.灯具式样 。 式样决定了灯具的个性，对于环境气氛会产生很大影响力。因此造型是重要的。

c.构造 。 构造是随着样式的构思和使用环境而产生，也随着环境气氛而有所不同。在需要柔和气氛的环境多用曲线；反之，可使用直线的构造。功能性强的、需求量大的，要考虑机械化生产，构造要简洁。构造通常是随着设计的构思而产生，故要随环境不同而加以充分地掌握。

d.材质。 随着构造和气氛的不同，材料可多方面选择使用。由于材料、色彩、质感的表现，才能将构造和气氛加以充分表达出来。对于不断出现的新材料要密切加以留意，以适应时代要求。在特定的使用空间要与室内环境统一考虑。

e.色彩。 色彩是造型的外衣，它所特有的意味，在设计构思中占有重要的分量，对环境气氛有十分巨大的影响力。利用色彩的视觉关系及材料本身的色彩质感能够使曲线构成的造型变成有锐利感。相反，由直线所形成的结构物体，也可使用色彩将其锐利形状加以缓和。

构思的过程，是复杂而又富于灵感的劳动，为了使某些意念中的构思得以涌现，似乎就是对所有信息痕迹进行回忆和追寻，那种“灵机一动，计上心来”的经验，就可能是把某些记忆痕迹联合成一种解决问题的设想和方法途径。一般来说，构思设想可能是含糊概念的，也可能是比较明确的，但都要多方考虑是否符合设计意图要求，并通过反复比较，把那些与整体不相称的略去，对于一些有参考价值的予以保留，有时一种新的构思方案，也可能是由改进某些局部而形成。

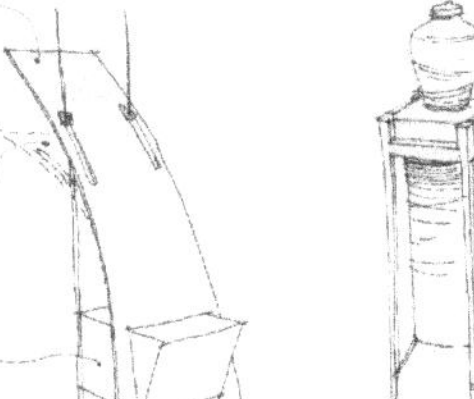

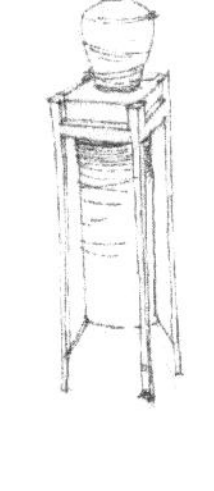

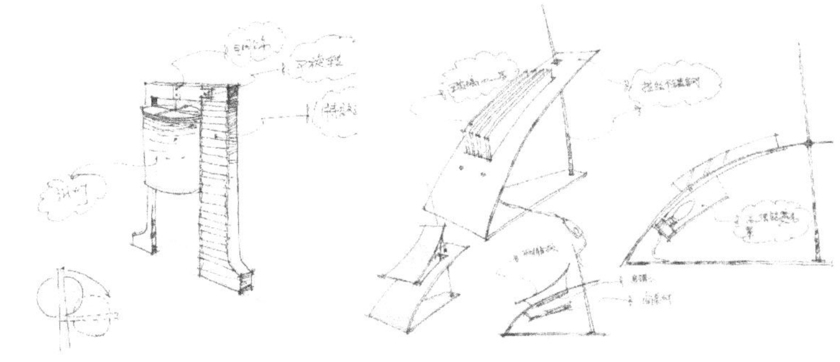

图1-3-23 多款灯具草图

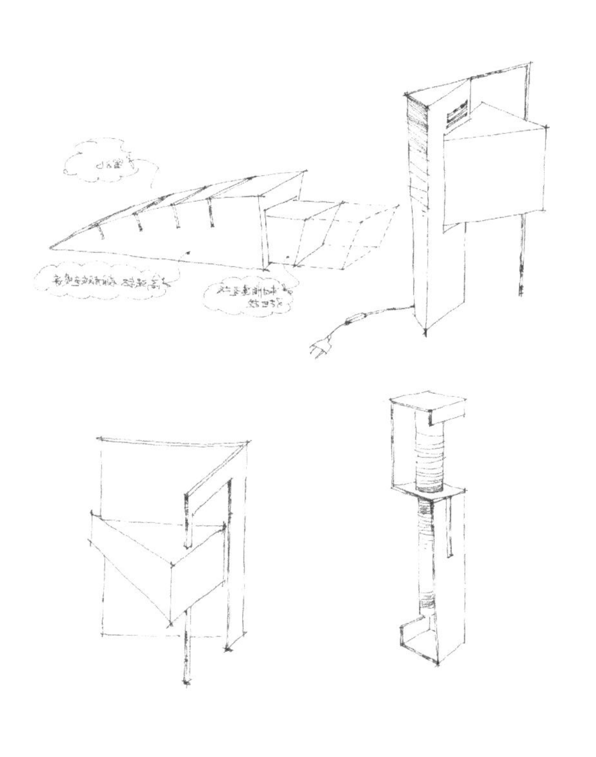

图1-3-24 四款灯具草图

图1-3-25 一款个性灯饰

图1-3-26 色彩不同的两款灯具

图1-3-27 用纱、羽毛、玻璃瓶制作的灯饰

(2)草图。草图是设计师对设计要求理解之后，构思形象的表现，是头脑中构思最迅速最简便地变成可视图形。草图是记录构思形象的最好办法。绘制草图的过程就是构思方案的过程，灯具设计的最初工作就是从绘制大量草图开始。

设计师可以通过草图把所有构思反映出来，开始的形象可能是不具体的，经过多次草图绘制，会使构思进一步深化，经过比较、反复、综合就会使较为模糊、不具体的形象逐渐清晰起来。正是这个能反映构思的草图使得某些构思可供选择，并大体上能选择出其中令人满意的一些构思方案，完成设计任务。

草图一般用立体透视图或投影图来表达，有时也可画些局部的构造。凡是构思的敏感想象都可以画出，不受任何限制。草图一般用徒手画成，因为徒手画得快，不受工具限制，可以随心所欲，画得自然流畅，能及时抓住形象构思的瞬间印象，充分将头脑中的构思敏捷迅速地表达出来。

铅笔是作草图常用的工具，它便于修改，钢笔或彩笔也可以。作草图的纸不要太考究，任何纸张都可选用，通常用的是速写本和绘图纸。方格坐标纸不仅具有同样的优点而且还能提供一个90度角和直线的比例关系，能显示灯具的尺度概念。最常用的是薄而透明的草图纸，非常适合制作草图，因为它能覆盖在一张需要修改的图纸上，复画一张修改后的精确的草图。

草图一般无需按比例绘制，但经验丰富绘图熟练的人一开始就采用比例绘制是有益的，它能避免在根据实际尺寸考虑设计时，需要在形式上作大幅度的调整的问题。

图1-3-28 玻璃器皿与莲花组合的灯饰

图1-3-29 用塑料罐制作的灯饰

图1-3-30 玻璃灯饰

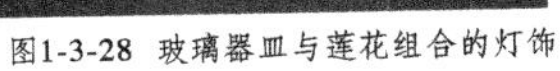

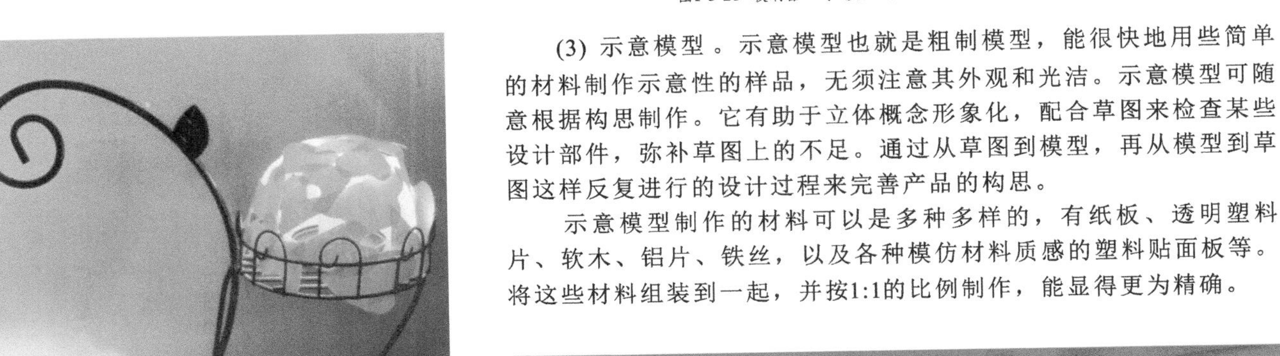

(3) 示意模型。示意模型也就是粗制模型，能很快地用些简单的材料制作示意性的样品，无须注意其外观和光洁。示意模型可随意根据构思制作。它有助于立体概念形象化，配合草图来检查某些设计部件，弥补草图上的不足。通过从草图到模型，再从模型到草图这样反复进行的设计过程来完善产品的构思。

示意模型制作的材料可以是多种多样的，有纸板、透明塑料片、软木、铝片、铁丝，以及各种模仿材料质感的塑料贴面板等。将这些材料组装到一起，并按1:1的比例制作，能显得更为精确。

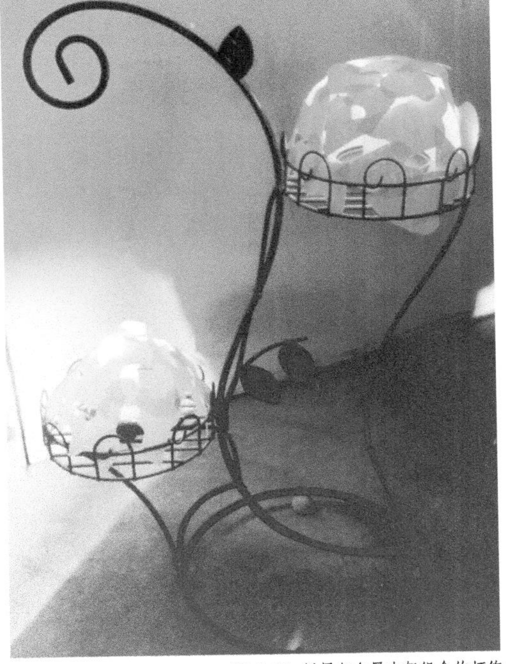

图1-3-31 纸屑与金属支架组合的灯饰

图1-3-32 纱罩灯饰

图1-3-33 铁丝与塑料罩编织的灯饰

图1-3-34　两款极具特点的灯饰

3.方案图与模型

(1)方案图。方案图包括用墨线绘的投影图和用色彩绘制的透视图。投影图即是三视图，按比例以正投影法绘制的平、立、剖面图和必要的局部详图、单体线描透视图。图面布置及表现要符合国家颁布的灯具制图标准。

彩色透视效果图是表现灯具的直观立体图，可以画单体、组合体也可与环境结合画成综合透视图。透视图是与一切造型艺术有关的一门科学，它阐述了如何能在平面上运用点和线来表现空间形象，使之符合人们的视觉，基本作图方法很多，适于在表现手法上有两种，一是以理性的写实表现方法。适用于单体灯具、组合灯具的表现，特点是灯具构造清晰，造型准确。二是感性的绘画表现方法，适用于灯具在环境中的表现，特点是能灵活运用所有的表现技巧，不必受灯具局部构造的影响，用轻快的笔触的感觉来描绘，可以取得灯具与人、与使用功能环境相融合的自然场面。

图1-3-35　用铁丝与毛线编织的灯饰

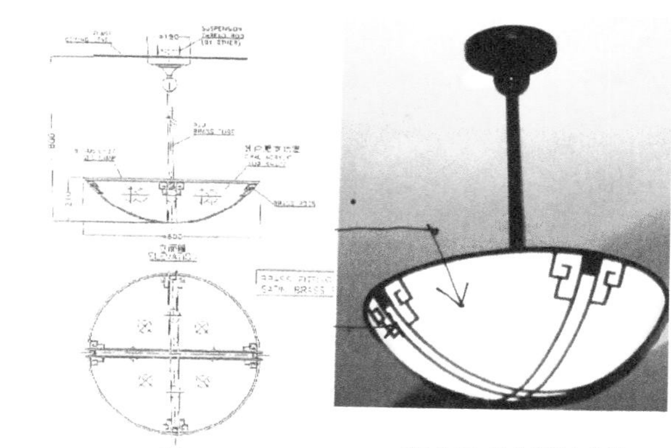

图1-3-36　灯具制图与实样

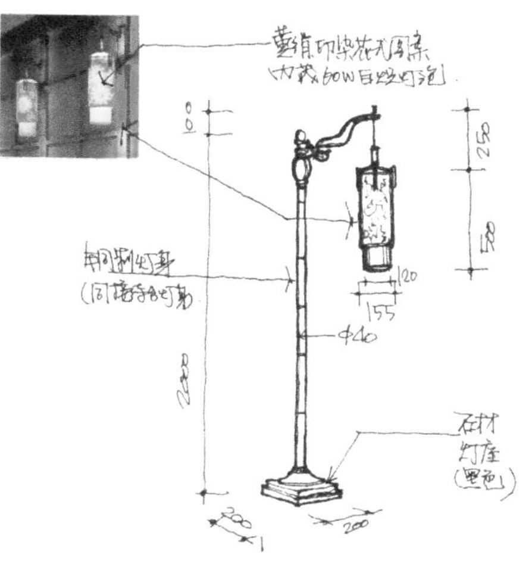

图1-3-37　装饰落地灯示意图

(2) 实体模型。实体模型是在设计方案确定之后，以1:1比例制作的实物，它能完全逼真地显示所设计的全部形体。具有研究、推敲、解决矛盾的性质，诸如造型是否满意，使用功能是否方便、舒适，结构是否合理，用料大小是否适度，工艺是否简便，油漆饰面是否美观等，都要在实体模型制作中最后完善和改进。

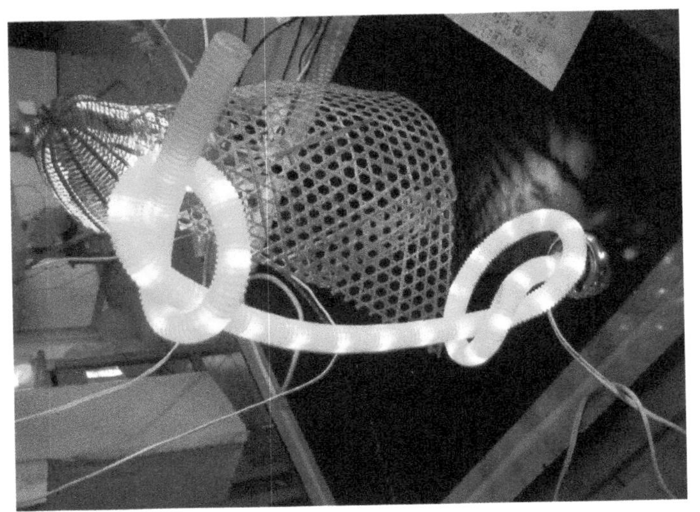
图1-3-38 用pvc管和发光二极管制作的灯具

3.2.2技术设计

方案设计经过有关部门审查获得批准后，就可开展技术设计，灯具技术设计是沟通方案和生产之间的媒介。它将全面考虑灯具的结构细节，确定部件尺寸和连接方式，并绘制生产图，制作灯具实样和编制概预算。

1. 生产图

灯具生产图是整个灯具生产工艺过程、产品规格、质量检验的基本依据，包括实际生产所需的全部资料。这种图纸在提供给厂方制造时无需再作附加的文字说明，就可以使设计师的确切意图得以实现。生产图也可称为施工图，它是建筑界的正规用语。一般说来，灯具的施工图和建筑的施工图相比，其绘制的方法、表示的内容、形式要简单得多，生产中也很少与其他专业联系，故称生产图。生产图必须遵循有关国家标准绘制。内容分为装配图、零部件图、大样图。表示所有的灯具零部件之间按照一定的结合方式，装配而成的图样，如平、立、剖面，叫做装配图。立面图表现灯具体貌装配特征，平面图协助来完成各部件间的装配关系。在多用灯具图上可用虚线画出第二功能活动部件运动后的位置。除投影图外还常附有用透视图画出的立体图，做为辅助图形。剖面图是表现灯具内部装配结构的，分为水平、垂直剖视图和局部剖视图，局部装饰和剖面可用大比例绘制。

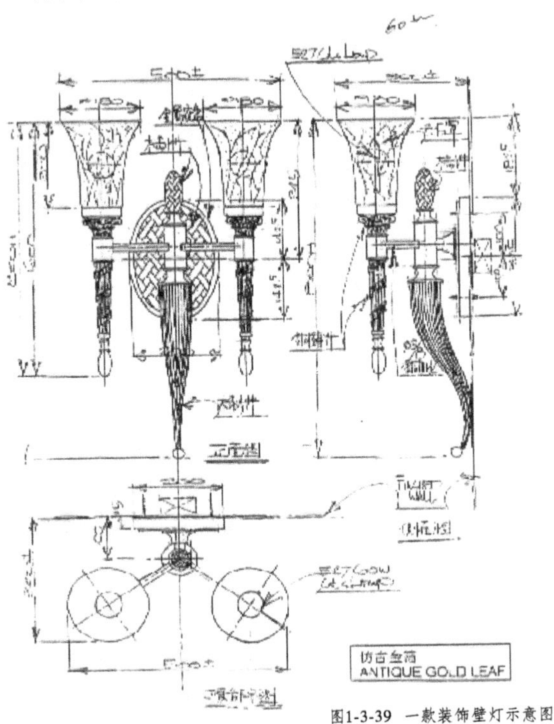

图1-3-39 一款装饰壁灯示意图

零部件图是灯具零件的详图，有些灯具是由零件组成部件，再由部件构成灯具，由于装配图样比例较小，不能完全表达部件构造，可将它放大后单独画出，这就是部件图。灯具部件图在生产中直接用于部件制造，它应清楚而正确地标注出部件的材料、装配尺寸和零件尺寸。

图1-3-40 用拷贝纸制作的吊灯

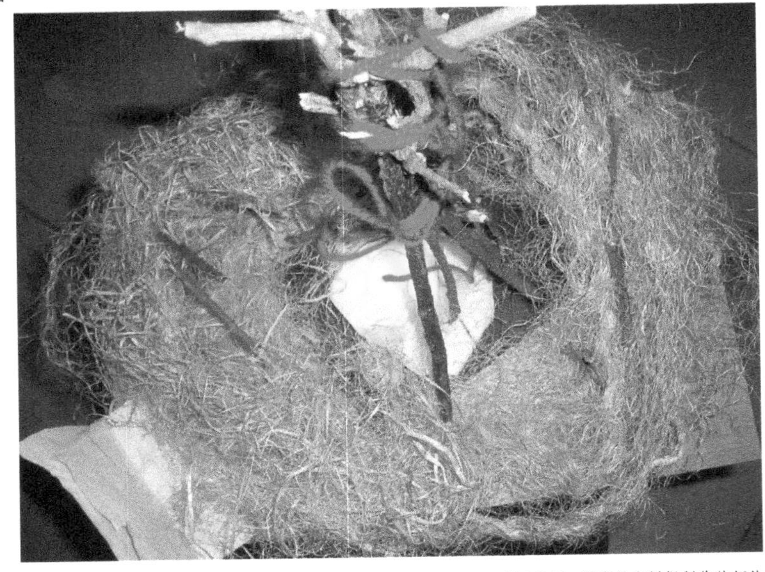
图1-3-41 用麻丝和树根制作的灯饰

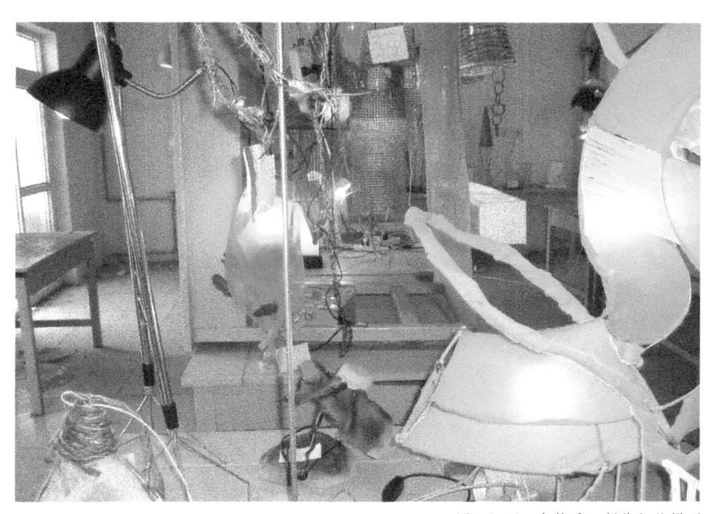

图1-3-42　多款手工制作灯饰模型

灯具生产图的编制与建筑施工图一样是有一定规律的。在生产图绘制中应注意以下几点。

(1) 按国家颁布的制图标准，使用标准的图纸、图签，以便于装订成册存档保存。

(2) 正确地填写图签中各项目，以便于查找所需资料。

(3) 一张图中的尺寸单位应统一。尺寸线的位置、注解线条、引出线、剖面定位、剖视标记、详图引号及详图号、以及其他细节标记都应固定并规范化，以保持图面的清晰和便于查阅。

(4) 备注或说明要求尽可能清楚简单。

(5) 在选择画图内容时要注重使用说明问题。

图1-3-43　带齿边的灯饰

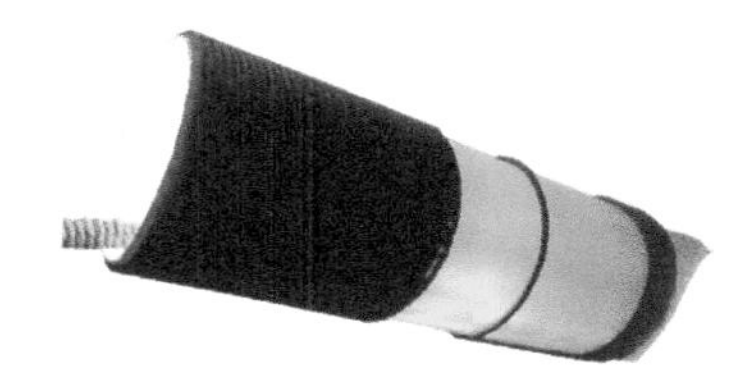

图1-3-44　用绳索和拷贝纸制作的圆形灯具

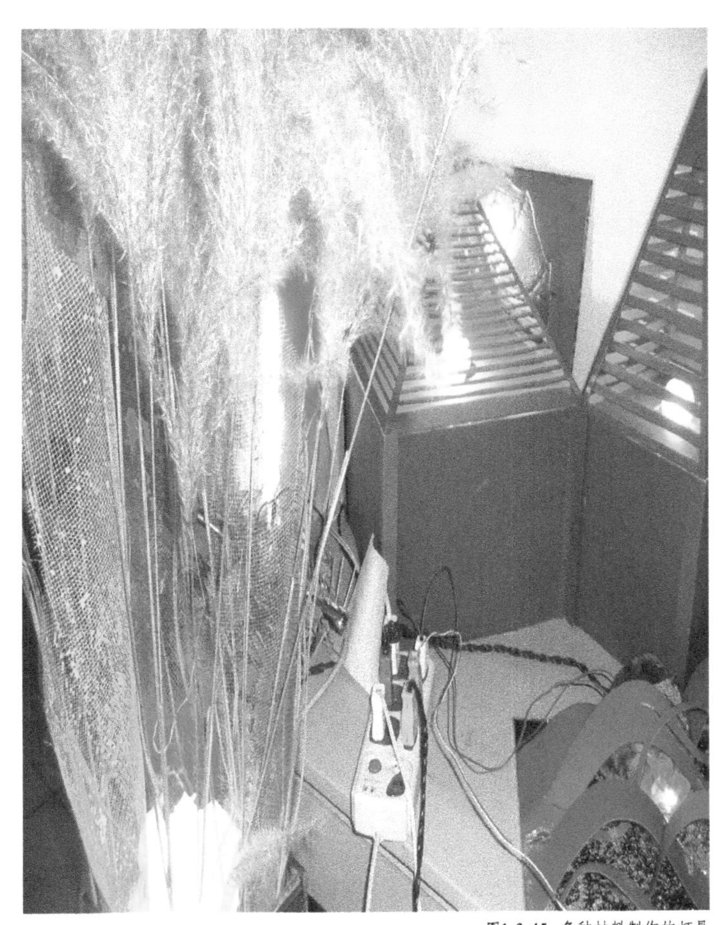

图1-3-45　多种材料制作的灯具

图1-3-46　染色椰壳制作的灯饰

图1-3-47 一款现代灯具

图1-3-48 黑红有机玻璃与光的配合

2. 灯具实样

灯具实样是按照生产图的要求，按1:1足尺制作的灯具实体，它能完全、逼真、详尽地显示所设计的灯具全部形象，各种材料和成品相同，各道工序均已加工完毕，外表装饰完美、光洁，可称为代表成品的样品。它能最好地反映设计意图，从实际效果来观察和衡量设计优劣。如果一件实样是由设计师亲手或在设计师指导下制作，那么生产图可在实样之后完成。也可在生产图完成后由模型工制作。

为了省工省时便于修改设计，在生产图之前也可作实体模型。实体模型和灯具实样一样都是与实物尺寸相同，能完全、逼真、详尽地显示所设计的全部形象，不同的是从省时省力容易制作的观点出发，宜选用易于校正的其他材料来代替，不要把精力放在过分详细地考虑细节上，它的优点是便于修改，给模具制作提供了可靠资料，因为模具被大规模投资制成后是不易改动的。

图1-3-49 用纸和石头制作的灯饰

图1-3-50 现代灯具与传统花饰的搭配

3. 生产图预算

生产图完成后，交给经济师进行生产图预算编制，是设计文件最后的预算文件。作法是将全部灯具零件依次填入“产品用料明细表”和“产品成本分析表”，分别注明名称、规格、数量、材料等。由单项到综合、局部到总体、逐个编制、层层汇总而成。

图1-3-51 用光碟和玻璃器皿制作的灯饰

图1-3-52 光碟和玻璃器皿灯饰产生的光色效果

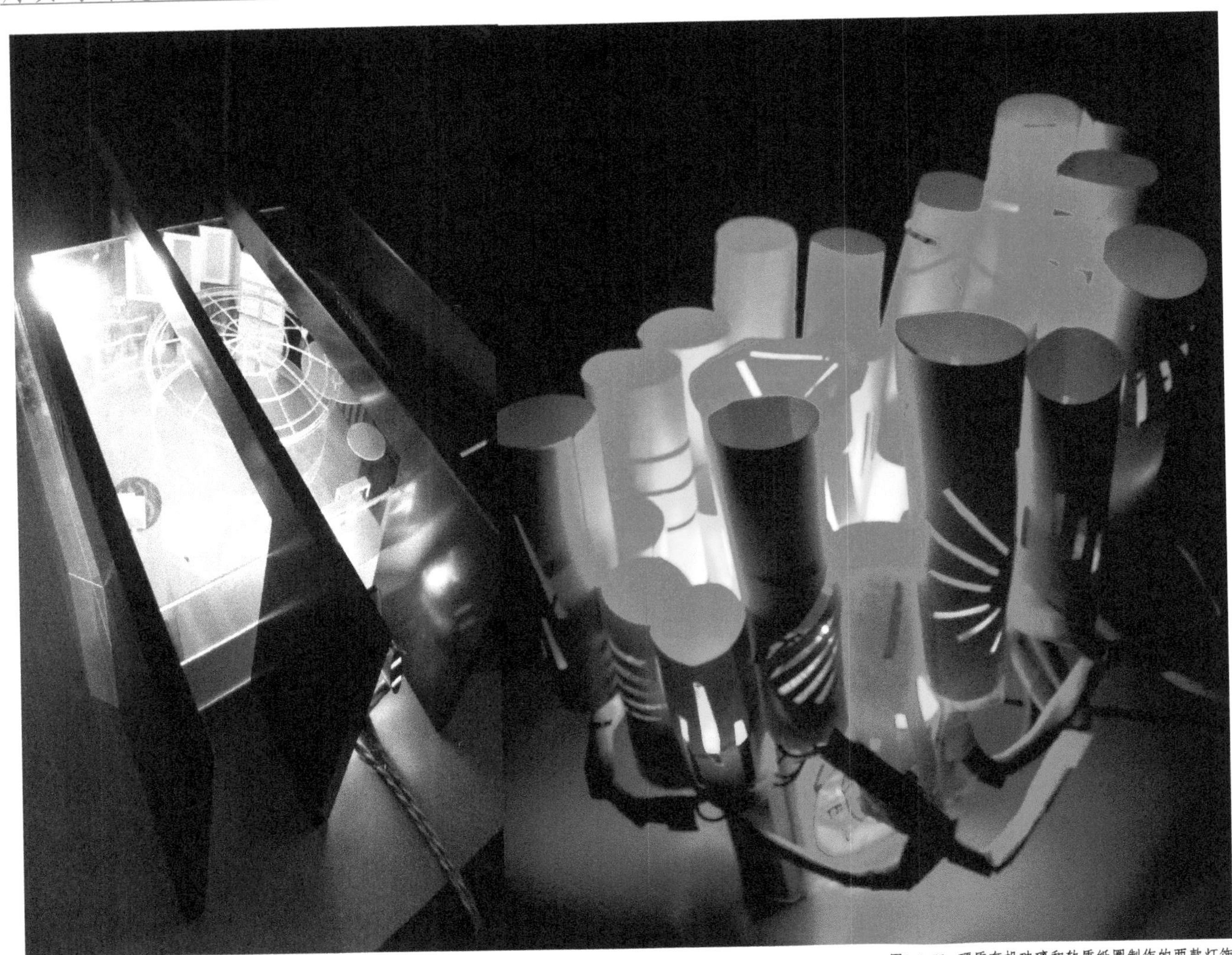

图1-3-53 硬质有机玻璃和软质纸圈制作的两款灯饰

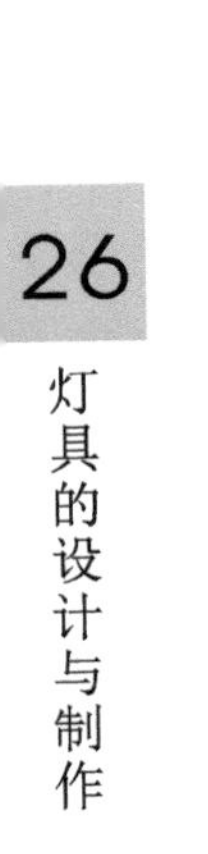

图1-3-54 软质纸圈灯饰(局部)

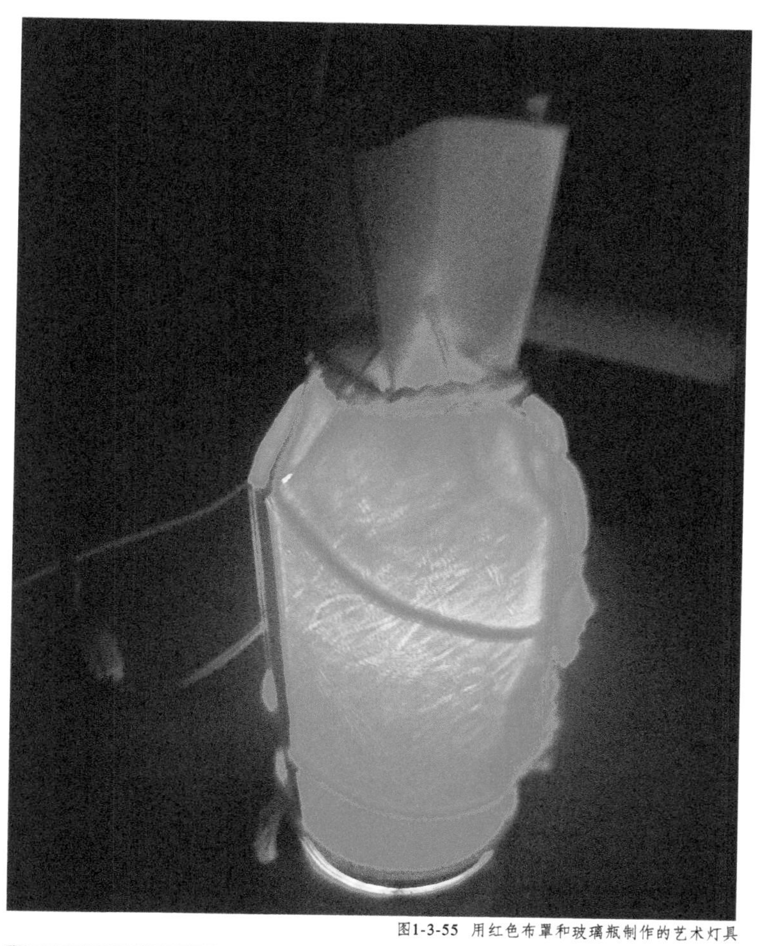

图1-3-55 用红色布罩和玻璃瓶制作的艺术灯具

图1-3-56 仿茶壶灯饰

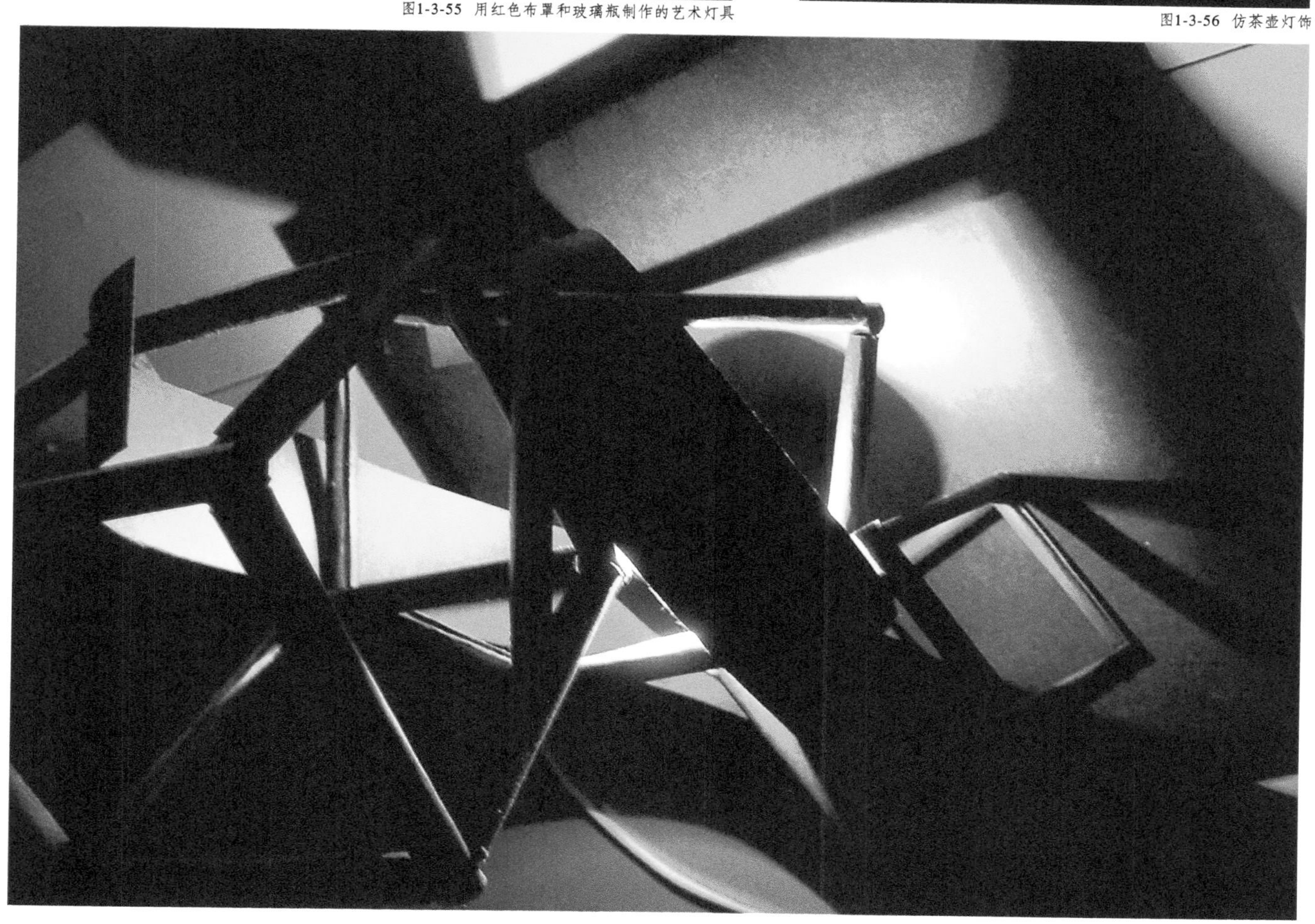

图1-3-57 强调线面变化的灯饰

3.3 灯具的形式和风格

灯具有多种形式和风格存在，这主要取决于灯具本身的形状及制作的材料表情，有时还有理念的灌输。灯具的活跃在于其加工相对简单，时间短，变化快，并且要配合建筑氛围的营造，因此它也像家具一样，成为建筑空间中不可缺少的要素之一，并受到空间风格的影响。

3.3.1 传统灯饰

宫灯是我国独特的传统灯饰，始于明代永乐年间，是宫廷御用灯具。其外形多种多样，千变万化。有六方形，八方形，扇形，南瓜形，龙凤灯等，有实用功能和观赏价值。民间风俗自有“上元宵灯节”，千家万户张灯结彩，一片“灯市千光照，花焰万枝开”的景象。宫灯主要以细木为框架，雕刻花纹，或以雕漆为架，镶以纱绢、玻璃或玻璃丝。有的还可以转动，成为走马灯。

图1-3-62 清花瓷座台灯

图1-3-63 中式环境配景一

图1-3-64 中式环境配景二

图1-3-65 传统木构件与灯具的结合

图1-3-58 瓜状落地灯　图1-3-59 清花瓷座台灯　图1-3-60 水墨瓷胎座灯

图1-3-61 一款新古典风格灯具

图1-3-66 中式圆形台灯

传统灯具在历史发展的长河中，也在不断地调整和改变。在满足功能的前提下，不同朝代对灯具的处理有所不同。总体上讲，同一时代中，民间和皇家的灯具在简易程度、造型与体量、材质与图案等方面都有明显区别。不同时代，也因为审美情趣的不同造成灯具的差异。

在现代社会中，随着近几年古典文化的复兴，灯具制作依托传统文化的魅力，积极融入现代设计理念，如古典样式与现代材料的对比，传统材料与现代工艺的结合等，新古典主义风格应运而生，从而引发了传统灯具的新发展。

图1-3-67　用灯具和饰品营造的新古典氛围，古典又时尚

图1-3-68 典型的欧式水晶吊灯

3.3.2 欧风灯饰

欧风灯具起源于西欧，尤以英国、法国、意大利等地域的文化为代表。欧洲文明在长期的发展中，形成独特的艺术审美情趣，并有别于东方文化。相对于东方文化的典雅，欧洲文化更趋厚重。反映在灯具上，造型复杂又精致，材料贵重又坚固。由于欧洲建筑多以石头为建筑材料，而且空间跨度和高度较大，作为建筑内部功能的灯具就必须符合建筑尺度，因此欧式灯具的体量都比较大，而且异常坚固。为此，欧式灯具的构架多选用铁、铜、锡等金属材料，为了体现豪华与精致，水晶、玻璃、透光大理石常被用来作为灯具的罩面材料，与金属骨架融为一体，反映了欧式灯具的主要特征。

图1-3-73 两款云石灯罩吊灯

图1-3-69 人工吹制异型玻璃灯具

图1-3-70 典型的欧式水晶吊灯之二

图1-3-74 金属支架玻璃罩吊灯

图1-3-71 彩绘玻璃罩台灯

图1-3-72 铜瓶座台灯

铜灯，以其特有的欧派韵味，配合水晶和玻璃，带来浪漫的异国风情。用铜作灯支架和吊架，不仅坚固耐用，而且美观大方。铜可以作成精美的花饰，表面可以镀金和腐蚀，尽显华贵气质。

水晶灯饰起源于古人用石英制造烛台的各种单件饰品。第一盏水晶玻璃吊灯于18世纪在法国问世。当时水晶吊灯是一种非常贵重的装饰品，只应用在皇宫、教堂和官邸的华丽厅堂中。现今已进入普通家庭中。水晶灯饰独特的文化背景，配合古典和现代的设计，可以营造高贵典雅的品位。

图1-3-75 铜架布罩吊灯

图1-3-76 一组欧式灯具与环境的配合

图1-3-77 枝状玻璃水晶吊灯

图1-3-78 仿蜡烛铜饰台灯

图1-3-79 铜座水晶罩台灯

图1-3-80 铜架玻璃吊灯一

图1-3-81 铜架玻璃吊灯二

图1-3-82 陶瓷柱灯

图1-3-83 三款简洁的现代风格灯具

图1-3-84 红色圆球状台灯

3.3.3 简约灯饰

简约自然的风格目前较为流行，为现代风格的一类。灯饰抛弃烦琐花俏，注重线条的流畅自然，造型多为几何形状，如方、圆等简洁形体。突出形体的单纯，强调材质和工艺的精湛，造型大方高雅，品位独特。配合家饰，营造另类氛围。

图1-3-85 印有彩色图案的塑料灯具

图1-3-86 圆柱状绿色纸罩灯饰

图1-3-87 树脂编织吊灯

图1-3-88　多款图案的圆形灯罩

图1-3-89　多款不同造型的塑料灯具

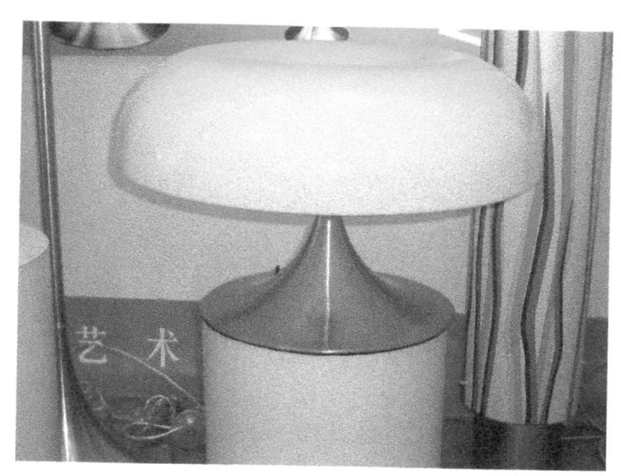

图1-3-90　不锈钢与塑料相结合的台灯

简约灯饰削弱了造型，但强化了工艺和材质。工艺上追求精致典雅，强调细节，对零部件的处理比较苛刻。材质上多选用现代材料，如不锈钢、玻璃、塑料等，反映时代的气息。另外还会选用木材、藤材以及纸材等较为自然朴实的材料，突出灯具的亲切感。

图1-3-91　造型单纯与相对复杂的灯具产生的效果对比

图1-3-92 用特效纸制作的仿瓜状灯饰

3.3.4 趣味灯饰

灯饰是表达主人个性的有效方法，追求新奇特的本性目的使灯具的艺术形式发生了另类的变化。怪诞不失真意，夸张不失含蓄，为灯具的发展提供了广阔的思维想象空间。由于灯具的可塑性，灯具的变化可以无穷无尽，因此，灯具的魅力将得到充分的体现。

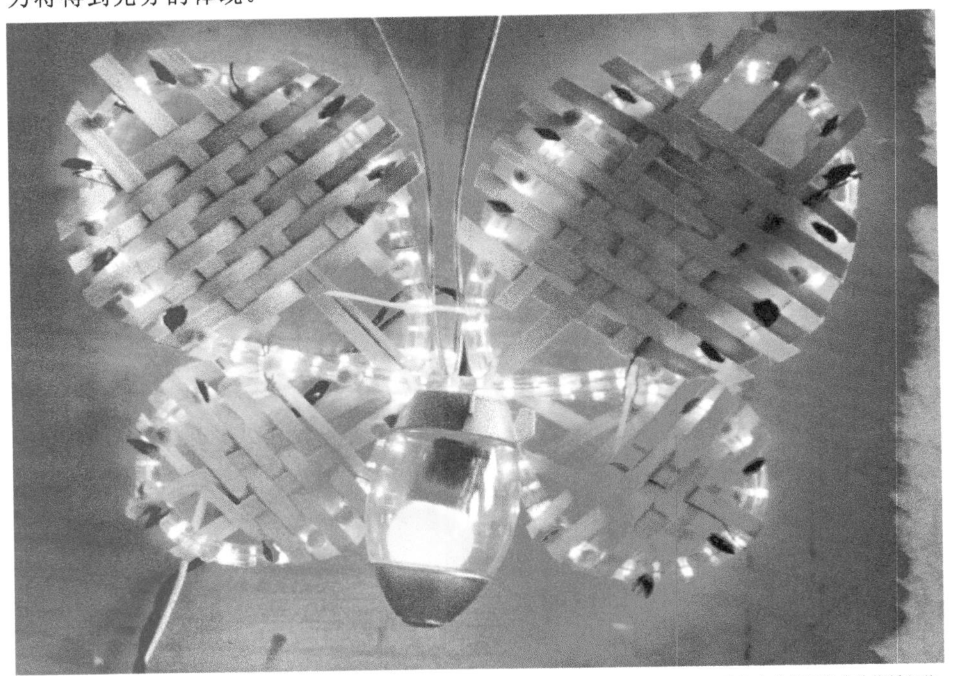

图1-3-93 用竹和软管灯制作的蝴蝶灯饰

图1-3-94 装有液体的袋状灯和花饰支架灯

图1-3-95　绿色线绳编制的异型灯具

灯具的设计没有定式，任何事物都可能产生灵感从而引发灯饰的趣味性存在。为此，积极的生活态度，美好的艺术情趣，浪漫的情感思维，都将为灯具的表达带来无穷的思路。

3.3.5 前卫灯饰

高科技手段的运用，使灯具产生了奇异的变化。水晶光纤照明是水晶和照明系统的完美结合。这种配合系统兼备实用和装饰的功能，具有非凡的艺术气质，能够反射出奇特的光线。尤其是专门设计的能够自由辐射的光纤终端，可以用光点束创造性地组成文字和图案，完成别具一格的艺术创造。

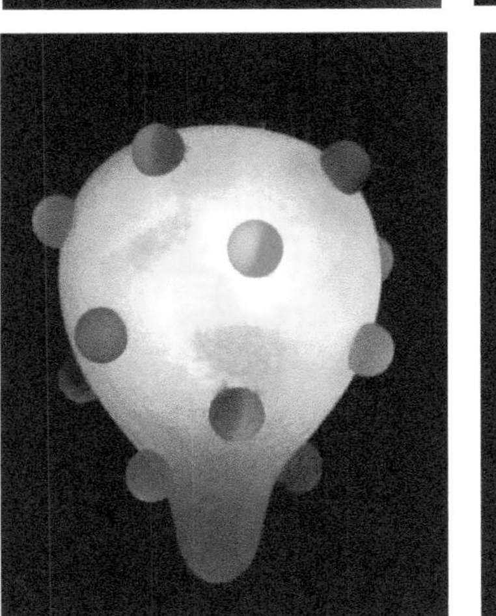

图1-3-96　四款各具特色的灯饰

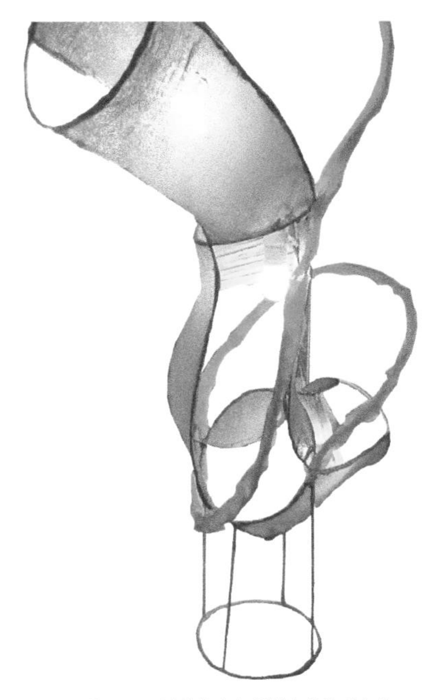

图1-3-97　用铁丝和色纸制作的异型灯饰

图1-3-98 敞口直射灯带对展品的照明

图1-3-99 明装直接式照明产生的聚光效果

图1-3-100 嵌入式射灯带来的直接照明

3.4 灯具的分类

照明灯具是集艺术形式、物理性能及使用功能于一体的产物,其有多种分类方法。

3.4.1 按光通在空间分配特性的分类

1. 直接型灯具

直接型灯具的用途最广泛。因为100%以上的光通向下照射，所以灯具的光通利用率最高。如果灯具是敞口的，一般来说灯具的效率也相当高。工作环境照明应当优先采用这种灯具。直接型灯具又可按其配光曲线的形状分为：广照型、均匀型、配照型、深照型和特照型五种。

(1)深照型灯具和特照型灯具，由于它们的光线集中，适应高大厂房或要求工作面上有高照度的场所，这种灯具配备镜面反射罩并配以大功率的高压钠灯、金属卤化物灯等。

(2)配照型灯具适用于一般厂房和仓库等地方。

(3)广照型灯具一般用作路灯照明，但近年来在室内照明领域也很流行。这种灯具的最大光强不是在灯下，而是在离灯具下垂线约30度的方向，灯下则出现一个凹槽；同时在45度以上的方向，发光强度锐减。它的主要优点有：

a.在灯具的保护角y=45度~90度时，直接眩光区亮度低，直接眩光小。

b.灯具间距大，也能有均匀的水平照度，这就便于使用光通输出高的高效光源,减少灯具数量,产生光幕反射的几率亦相应减少。

c.有适当的垂直照明分量。横向配光蝙蝠翼形的荧光灯具采用纵轴与视线方向平行的布置方式，尤为理想。

(4)敞口式直接型荧光灯具纵向几乎没有遮光角，在照明舒适要求高的情况下，常要设遮光格栅来遮光源，减少灯具的直接眩光。

(5)点射灯和嵌装在顶棚内的下射灯也属直接型灯具，光源为白炽灯。点射灯是一种轻型投光灯具，主要用于重点照明，因此多数是窄光束的配光，并且能自由转动，灵活性更大，非常适合商店、展览馆的陈列照明。下射灯是隐蔽照明方式经常采用的灯具，能够创造恬静幽雅的环境气氛。这种灯具用途很广，品种也很多。下射灯能形成各式各样的光分布，它有固定的和可调的两种。可调的或者有某一个固定角度的灯具，通常用作墙面及其他垂直面的照明。

直接型灯具效率高，但灯具的上半部几乎没有光线，顶棚很暗，与明亮的灯具容易形成对比眩光。又由于它的光线集中，方向性较强，产生的阴影也较浓。

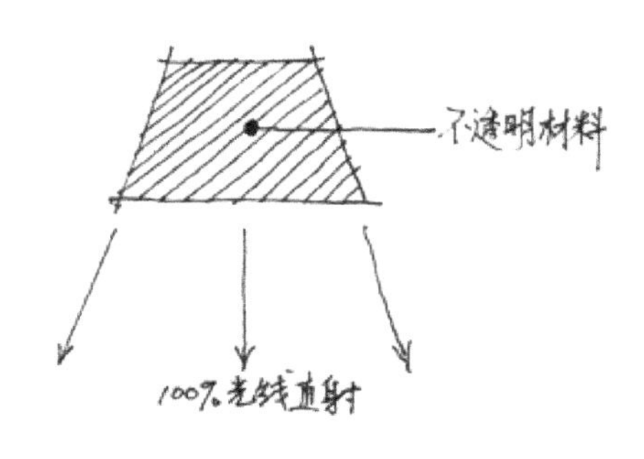

图1-3-101 直接式照明方式

2. 半直接型灯具

半直接型灯具能将较多的光线照射到工作面上，又能发出少量的光线照射顶棚，减小了灯具与顶棚间的强烈对比，使室内环境亮度更舒适。这种灯具常用半透明材料制成或做成开口样式，如外包半透明散光罩的荧光吸顶灯具和上方留有较大的通风、透光空隙的荧光灯以及玻璃菱形罩、玻璃碗形罩等灯具，都属于半直接型灯具。半直接型灯具也有较高的光通利用率。典型的是乳白玻璃球形灯，其他各种形状漫射透光的封闭灯罩也有类似的配光。均匀漫射型灯具将光线均匀地投向四面八方，对工作面而言，光通利用率较低。这类灯具是用漫射透光材料制成封闭式的灯罩，造型美观，光线柔和均匀。

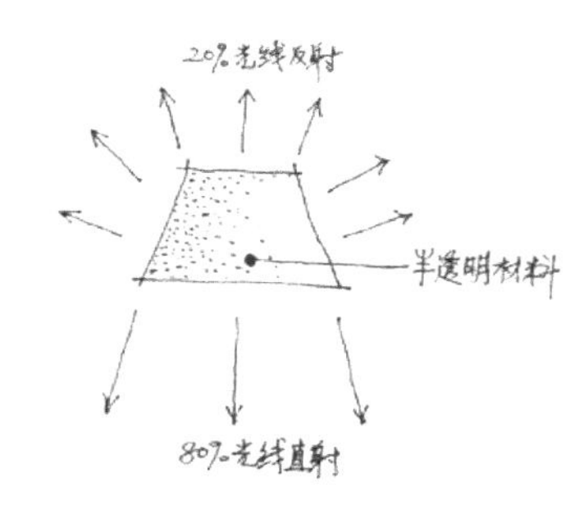

图1-3-102 半直接式照明方式

图1-3-104 两种半直接照明方式灯具产生的效果

图1-3-103 泛光照明方式灯具产生的光源漫射

图1-3-105 具有漫射效果的灯具

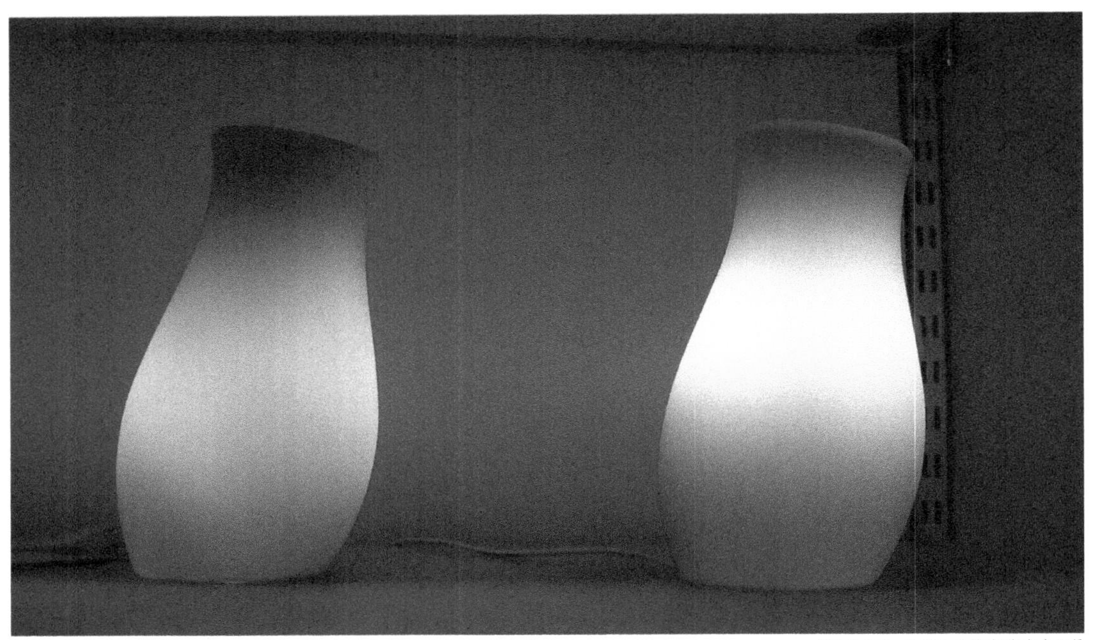

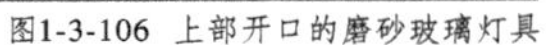

图1-3-106 上部开口的磨砂玻璃灯具

图1-3-107 半间接照明方式吊灯

图1-3-108 半间接照明方式壁灯

图1-3-109 半间接照明方式壁灯

3. 半间接型灯具

这类灯具上半部用透光材料制成,下半部用漫射透光材料制成。由于大部分光线投向顶棚和上部墙面，增加了室内的间接光，灯具易积灰尘，会影响灯具的效率。半间接型灯具主要用于民用建筑的装饰照明。

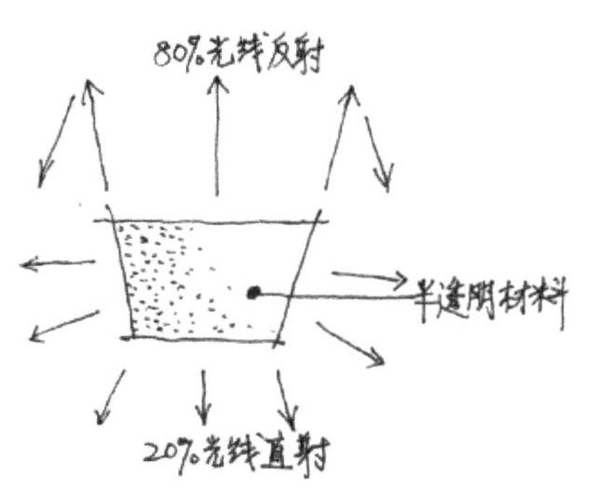

图1-3-110 半间接照明方式

图1-3-111 泛光照明方式玻璃灯具

图1-3-112 半间接照明方式落地灯

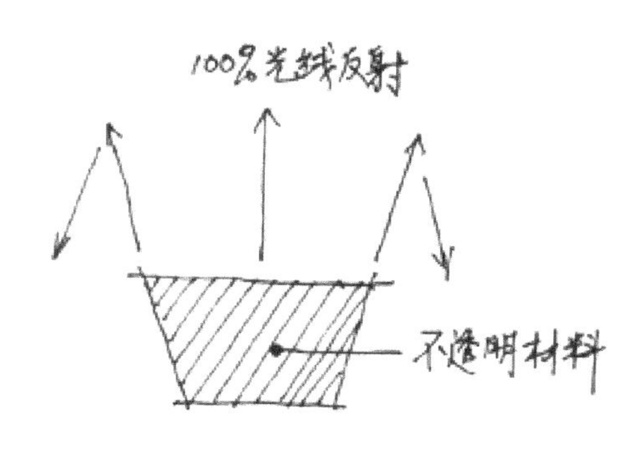

图1-3-113　间接式照明方式

图1-3-114　各种照明方式灯具

4. 间接型灯具

这类灯具将光线全部投向顶棚，使顶棚成为二次光源。因此室内光线扩散性极好，光线均匀柔和，几乎没有阴影和光幕反射，也不会产生直接眩光。使用这种灯具要注意经常保持房间表面和灯具的清洁，避免因积尘污染而降低照明效果。间接型灯具适用于剧场、美术馆和医院的一般照明，通常不和其他类型的灯具配合使用。

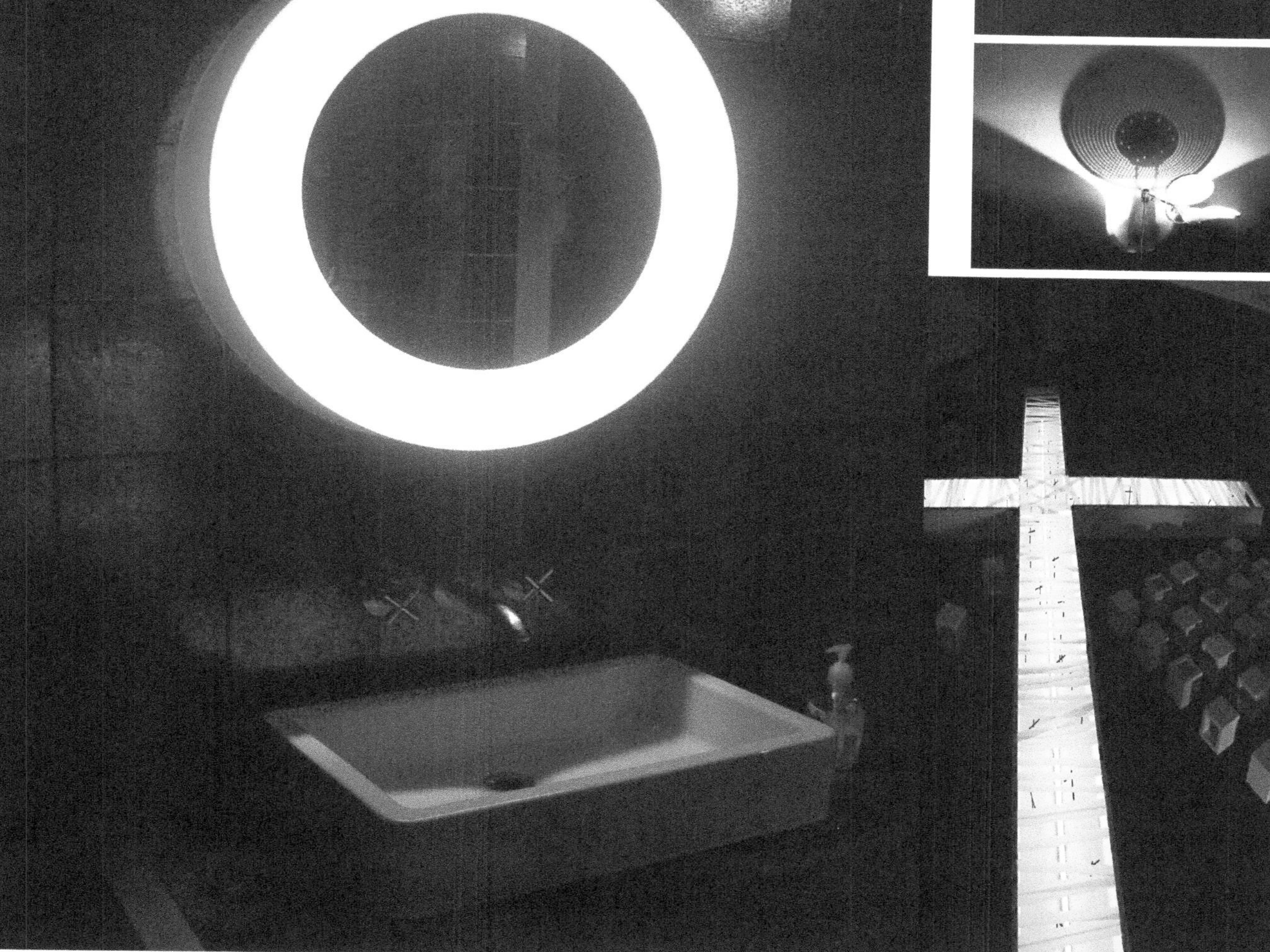

图1-3-115　多款间接照明方式灯具

3.4.2 按灯具的结构分类

(1) 开启型灯具：光源与外界空间直接相通，无罩包合。

(2) 闭合型灯具：具有闭合的透光罩，但罩内外仍能自然通气，如半圆罩无棚灯和乳白玻璃球形灯。

(3) 封闭型灯具：透光罩接合处加一般性填充物封闭，与外界隔绝比较可靠，罩内外空气可有限流通。

(4) 密闭型灯具：透光罩接合处严密封闭，罩内外空气相互隔绝。如防水防尘灯具和防水防压灯具。

(5) 防爆型灯具：透光罩及接合处，灯具外壳均能承受要求的压力，能安全使用在有爆炸危险性质的场所。

(6) 隔爆型灯具：在灯具内部发生爆炸时，火焰经过一定间隙的防爆面后，不会引起灯具外部爆炸。

(7) 安全型灯具：在正常工作时不产生火花、电弧，或在危险温度的部件上采用安全措施，以提高其安全程度。

(8) 防震型灯：这种灯具采取了防震措施，可安装在有振动的设施上，如行车、吊车、或有振动的车间、码头等场所。

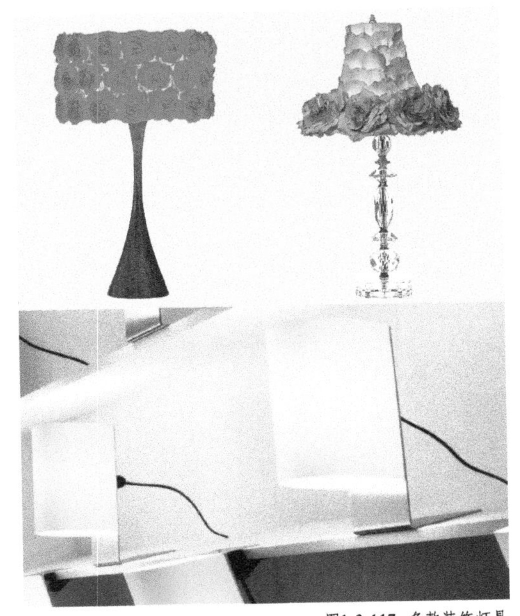

图1-3-117 多款装饰灯具

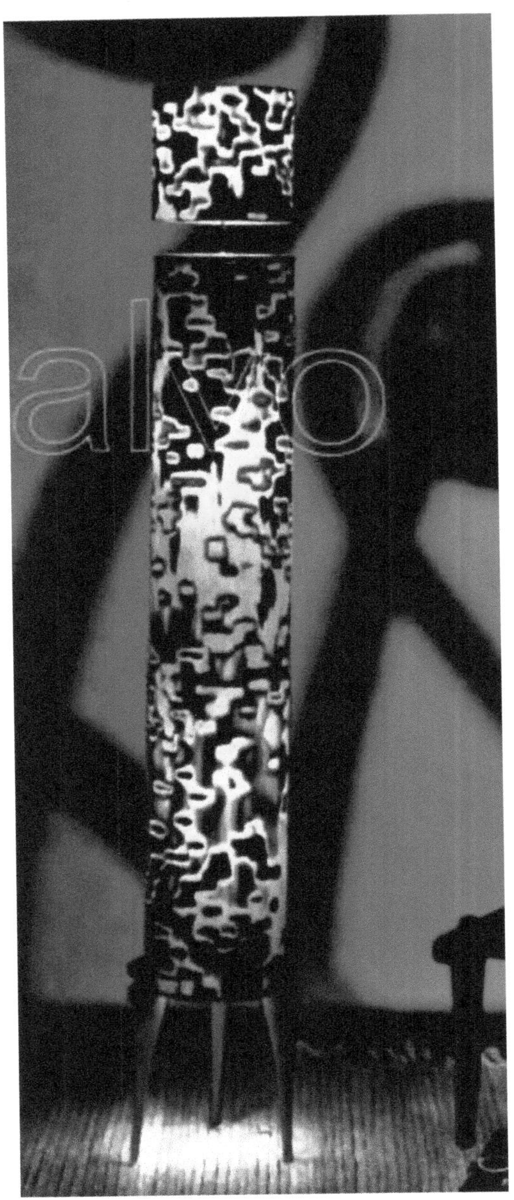

图1-3-116 豹纹布艺落地灯

图1-3-118 树脂编织灯

图1-3-119 各种色彩玻璃装饰灯

图1-3-120 多款装饰吊灯

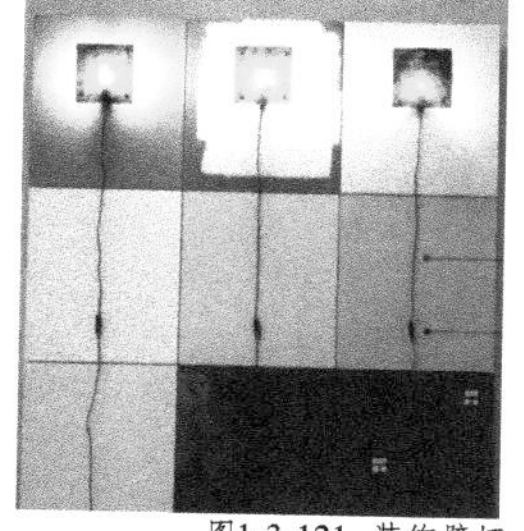
图1-3-121 装饰壁灯

图1-3-122 竹编装饰吊灯

3.4.3 按安装方式分类

根据安装方式的不同，灯具大致可分为如下几类：

(1)壁灯。壁灯是将灯具安装在墙壁上、庭柱上，主要用于局部照明、装饰照明和不适宜在顶棚安装。

壁灯主要有：筒式壁灯、夜间壁灯、镜前壁灯、亭式壁灯、灯笼式壁灯、组合式壁灯、投光壁灯、吸壁式荧光灯、门厅壁灯、床头臂式壁灯、壁面式壁灯、安全指示式壁灯等。壁灯从功能上讲，可以弥补顶部因无法安装光源所带来的照明缺陷。从艺术角度，其特殊的安装位置，是营造空间氛围的理想手段。壁灯设计应注意眩光和人为的碰撞。

(2)吸顶灯。吸顶灯是将灯具吸贴在顶棚面上。主要用于没有吊顶的房间内,多用于低高度空间。

吸顶灯主要有：组合方形灯、晶罩组合灯、灯笼吸顶灯、圆格栅灯、筒形灯、直口直边形灯、边扁圆形灯、尖扁圆形灯、圆球形灯、长方形灯、防水形灯、吸顶式点源灯、吸顶式荧光灯、吸顶式发光带、吸顶裸灯泡等。

吸顶灯应用比较广泛。吸顶式的发光带适用于计算机房，变电站等；深照式吸顶荧光灯适用于照度要求较高的场所；封闭式带罩吸顶灯适用于照度要求不是很高的场所，它能有效地限制眩光，外形美观，但发光效率低；吸顶裸灯泡，适用于普通的场所，如厕所、仓库等。

图1-3-123 三款铜饰吊灯

(3)嵌入式灯。嵌入式灯适用于有吊顶的房间，灯具是嵌入在吊顶内安装的，这种灯具能有效消除眩光，与吊顶结合能形成美观的装饰艺术效果。嵌入式灯主要有：圆格栅灯、方格栅灯、平方灯、螺丝罩灯、嵌入式格栅荧光灯、嵌入式保护荧光灯、嵌入式环形荧光灯；方形玻璃片嵌顶灯、嵌入式点源灯、浅圆嵌式平顶灯等。

(4)半嵌入式灯。半嵌入式灯将灯具的一半或一部分嵌入顶棚内，另一半或一部分露在顶棚外面，它介于吸顶灯和嵌入式灯之间，这种灯在消除眩光的效果上不如嵌入式灯，但它适用于顶棚吊顶深度不够的场所，在走廊等处应用较多。

图1-3-124 树脂壁灯　图1-3-125 一款吸顶灯

(5)吊灯。吊灯是最普通的一种灯具安装方式，也是运用最广泛的一种。它主要是利用吊杆、吊件、吊管、吊灯线来吊装灯具，以达到不同的效果。在商场营业厅等场所，利用吊杆式荧光灯组成规则的图案，不但能满足照明功能上的要求，而且还能形成一定的装饰艺术效果。吊灯主要有：圆球直杆灯、碗形罩吊灯、伞形吊灯、明月罩吊灯、束腰罩吊灯、灯笼吊灯、组合水晶吊灯、三环吊灯、玉兰罩吊灯、棱晶吊灯、吊灯点源灯等。

图1-3-126 多款风格不同的嵌式灯具

带有反光罩的吊灯，配光曲线比较好，照度集中，适用于顶棚较高的场所、教室、办公室、设计室等。吊线灯适用于住宅的、卧室、休息室、小仓库、普通用房等。吊管、吊链花灯，适用于有装饰性要求的房间，如宾馆、餐厅、会议厅、大展厅等。

吊灯主要用于空间的基本照明。吊灯适合较高空间的安装，它会调节空间高度视差，弥补环境缺陷。嵌入式灯具是灯具嵌入顶棚内部，它的最大特点是能够保持建筑装饰的整体性和统一性。

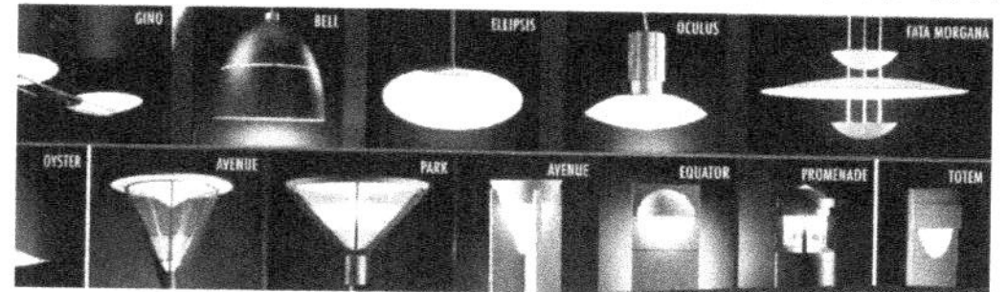

图1-3-127 多款灯饰

图1-3-128 树脂印花罩台灯

(6)地脚灯。地脚灯主要应用于医院病房、宾馆客房、公共走廊、卧室等场所。地脚灯的主要作用是照明走道，便于人员行走。它的优点是避免刺眼的光线，特别是夜间起床开灯，不但可减少灯光对自己的影响，同时还可减少灯光对他人的影响。地脚灯均暗装在墙内，一般地面高度0.2m~0.4m。地脚灯的光源采用白炽灯，外壳由透明或半透明玻璃或塑料制成，有的还带金属防护网罩。

(7)台灯。台灯主要放在写字台、工作台、阅览桌上。台灯的种类很多，目前市场上流行的主要有变光调光台灯、荧光台灯等。目前还流行一类装饰性台灯，如将其放在装饰架上或电话桌上，能起到很好的装饰效果。台灯一般在设计图上不标出，只在办公桌、工作台旁设置一至二个电源插座即可。

(8)落地灯。落地灯多用于带茶几沙发的房间以及家庭的床头或书架旁。落地灯有的单独使用，有的与落地式台扇组合使用，还有的与衣架组合使用，一般在需要局部照明或装饰照明的空间安装较多。

台灯、落地灯一般作为补充照明来使用，可移动性是其最大优势。它可以丰富空间底部的照度层次。使用和变换起来也很方便。由于离人较近，应注意漏电和防烫伤，还有光源的位置所造成的眩光现象。

图1-3-129 一款风格独特的落地灯

图1-3-130 两款装饰台灯

图1-3-131 色彩绚丽的灯饰

图1-3-132 风格独具的玻璃落地灯

图1-3-133 镂空金属支架装饰台灯

图1-3-134 装饰地脚灯饰

图1-3-135　玻璃台灯

图1-3-136　造型独特的灯具

图1-3-137　彩色玻璃瓶灯饰

图1-3-138　园林中常用的庭院灯具

图1-3-139　白色玻璃瓶灯饰

(9)庭院灯。庭院灯灯头或灯罩多数向上安装，灯管和灯架多数安装在庭院地坪上，特别适用于公园、街心花园、宾馆以及工矿企业、机关学校的庭院等场所。

庭院灯主要有：盆圆形庭院灯、玉坛罩庭院灯、花坪柱灯、四叉方罩庭院灯、琥珀庭院灯、花坛柱灯、六角形庭院灯、磨花圆形罩庭院灯等。庭院灯有的安装在草坪，有的依公园道路、树林曲折随弯设置，有一定的艺术效果。

(10)道路广场灯。道路广场灯主要用于夜间的通行照明。道路灯有高杆球形路灯、双管荧光路灯、高压钠灯路灯、高压汞灯路灯、双腰鼓路灯、飘形高压汞灯等。

广场灯有广场塔灯、六叉广场灯、碘钨反光灯、圆球柱灯、高压钠投光灯、深照卤钨灯、搪瓷斜照卤钨灯、搪瓷配照卤钨灯等。道路照明一般使用高压钠灯、高压荧光灯等，目的是给车辆、行人提供必要的视觉条件，预防交通事故。广场灯用于车站前广场、机场前广场、公共汽车站广场、立交桥、停车场、集会广场、室外体育场等，广场灯应根据广场的形状、面积、使用特点来选择。

图1-3-141　多款灯具式样

图1-3-140　三款庭院灯饰

第四节 灯具的材料与构造

4.1 灯具的材料

灯具设计最终通过材料和造型来完成。材料就像依附在造型上的皮肤，透过其质感、色彩和肌理，向人传达一种氛围，并以此来影响人的情绪。

目前灯具上可供使用的材料按照材料的化学成分，可以分为四大类。

(1)无机材料。其中又可分为金属和非金属材料两种。金属包括黑色金属和有色金属（铜、铝等）及不锈钢，非金属材料包括天然石材（大理石、花岗石等）和陶瓷。

(2)有机材料，主要有木材、竹材、纸、装饰布和橡胶等。

(3)高分子材料，如塑料等。

(4)复合材料，如玻璃钢等。

4.2 灯具的效果

灯具的艺术效果主要靠材料及做法的质感、肌理、颜色和造型四方面因素实现。其中质感、肌理、颜色是材料特性的集中表现。

4.2.1 质感

任何饰面材料及其做法都将以不同的质地感觉表现出来。例如，结实或松软、冰冷和温暖、细致或粗糙等。坚硬而表面光滑的材料如花岗石、大理石表现出严肃、有力量、整洁之感，富有弹性而松软的装饰布和装饰纸则给人以柔顺、温暖、舒适之感，木材给人的亲切和温暖感，金属给人的冰冷和坚硬感等，不同材料会带来不同感受。同种材料不同做法也可以取得不同的质感效果，如腐蚀而产生粗糙的金属和光面金属则呈现出迥然不同的质感。

图1-4-1 多款材质灯具一

图1-4-2 金属座塑料罩灯具

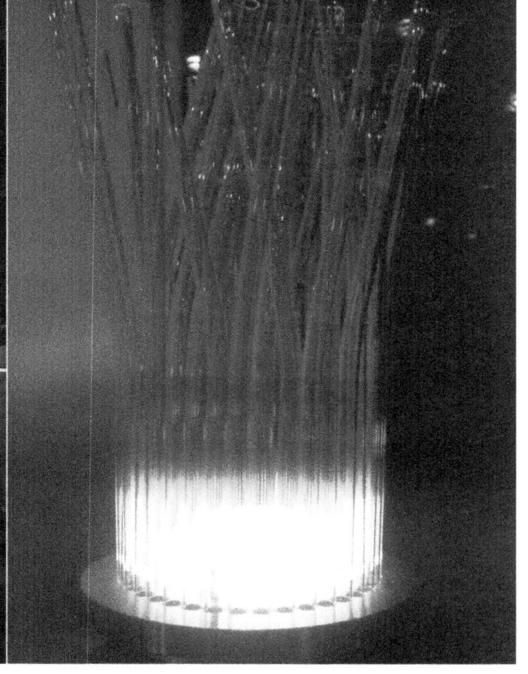

图1-4-3 多款材质灯具二

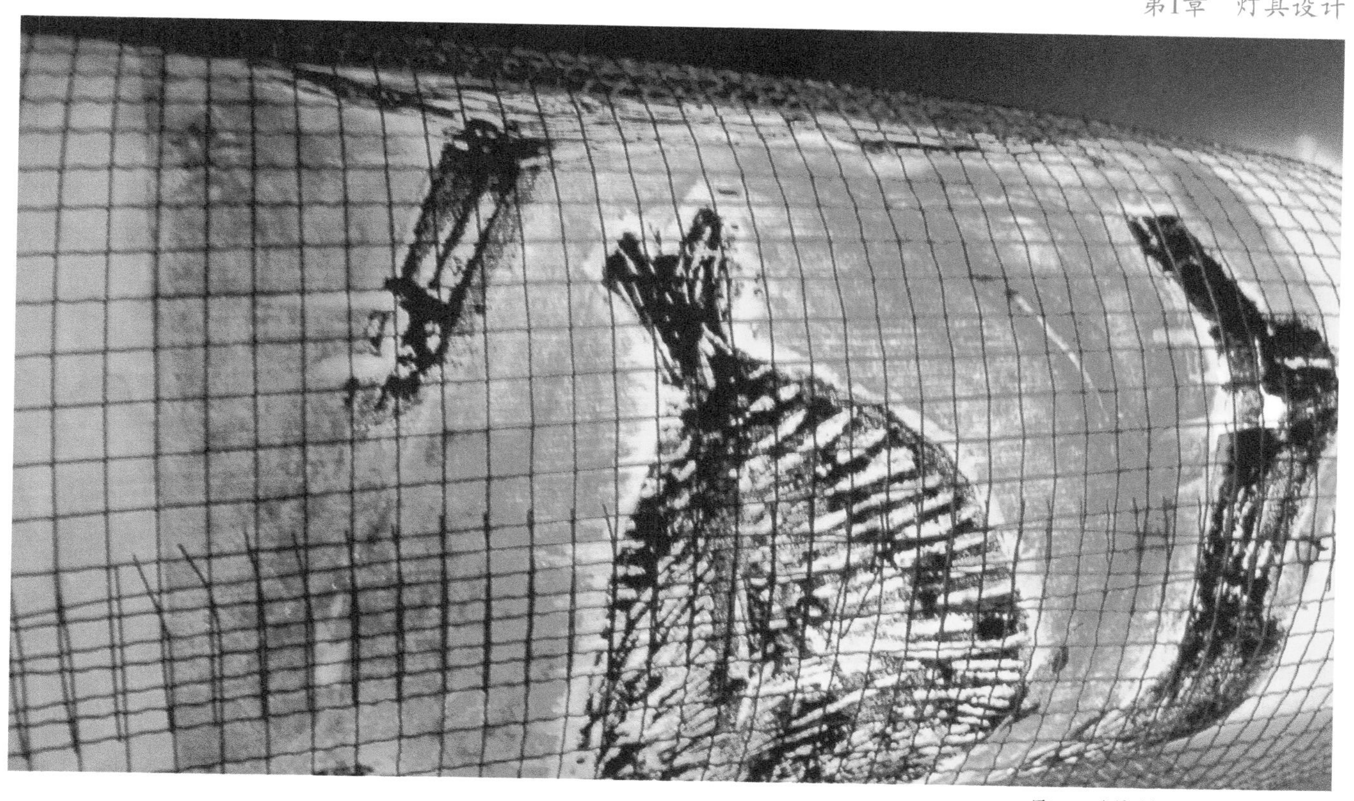

图1-4-4　金属网与丝网图案纸产生的对比

4.2.2 颜色

灯具材料的颜色丰富多彩，特别是灯具表面的饰面材料可供选择的余地很大，这包括材料本身的固有色及后期经过加工而改变的材料色彩。改变颜色通常要比改变其质感容易得多。因此，颜色是构成灯具装饰效果的一个重要因素。不同的颜色会给人以不同的感受，利用这个特点，可以使灯具分别表现出质朴或华丽、温暖或凉爽、亲切或夸张，同时这种感受还受灯具的光源色彩的影响。例如，暖色光源与冷色光源所带来的不同色感，将会对灯具产生重大影响。

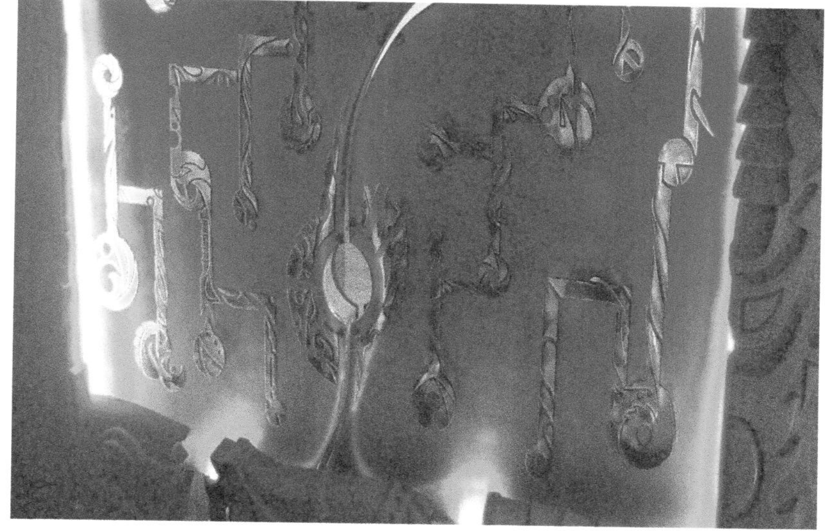

图1-4-5　金色纹样与兰色背景的对比

4.2.3 肌理

肌理是材料表面自然或后期人为加工而形成的图案和纹理。如透光玉石所表现出的天然瑕疵，木材表面所显示的自然纹理，压花钢板所展现的凹凸花纹等。它是材料展现自我形象和特点的关键环节，是灯具气质的重要体现。

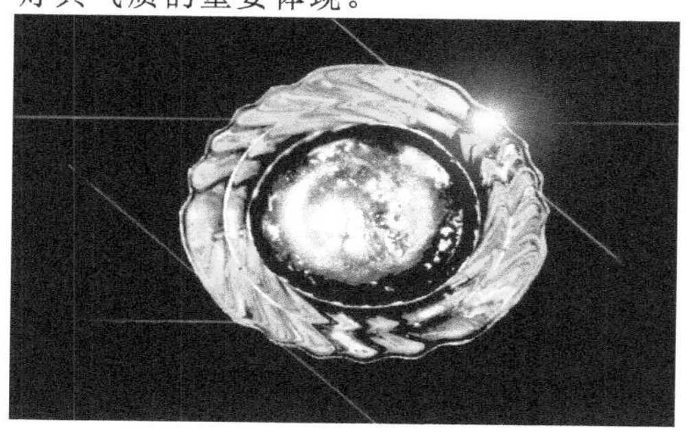

图1-4-6　绿色琉璃产生的光晕效果

图1-4-7　银色波纹管透出的光晕效果

图1-4-8 晶莹的玻璃灯具

图1-4-9 传统手工玻璃吹制法

4.3 常用灯具的材料

灯具材料根据使用部位可分为结构材料和装饰面材，结构材料主要作为灯体支架和支撑作用使用，装饰面材起到表面美化作用。目前灯具制作常用材料主要有以下几类：

4.3.1 玻璃材料

玻璃是无机非结晶体，主要以氧化物的形式构成。灯具制造中多作为灯罩使用。玻璃主要有以下几种分类：

(1)钠钙玻璃。普通玻璃，多为平板形式出现，或制成球型玻璃罩。表面可以磨砂、压花和钢化。

(2)硼硅酸玻璃。一般硬质玻璃，耐热性能好，多用于室外。

(3)结晶玻璃。稍带黄色，热膨胀系数几乎为零，多用于热冲击高的场所。

(4)石英玻璃。耐热性能和化学耐久性好，可见光、紫外线、红外线的透过率高，多用于特殊照明灯具，如卤化物灯等。

(5)铝玻璃。透明度好，折射率高，表面光泽，多用于装饰材料。

玻璃吹制方法：公元前一世纪，罗马人发明了玻璃吹制技术。它把玻璃液的混合原料粘挂在一个称为“吹管”的长管的一端，然后通过吹管向玻璃液团吹气，使其充气膨胀，形成基本造型。接着，趁其尚未冷结，进一步把它加工成各种形状，或放在预制的模具中吹塑出特定造型。适合异型灯具制造。

图1-4-10 一款金属玻璃灯具

图1-4-11 用成品玻璃杯制作的灯饰

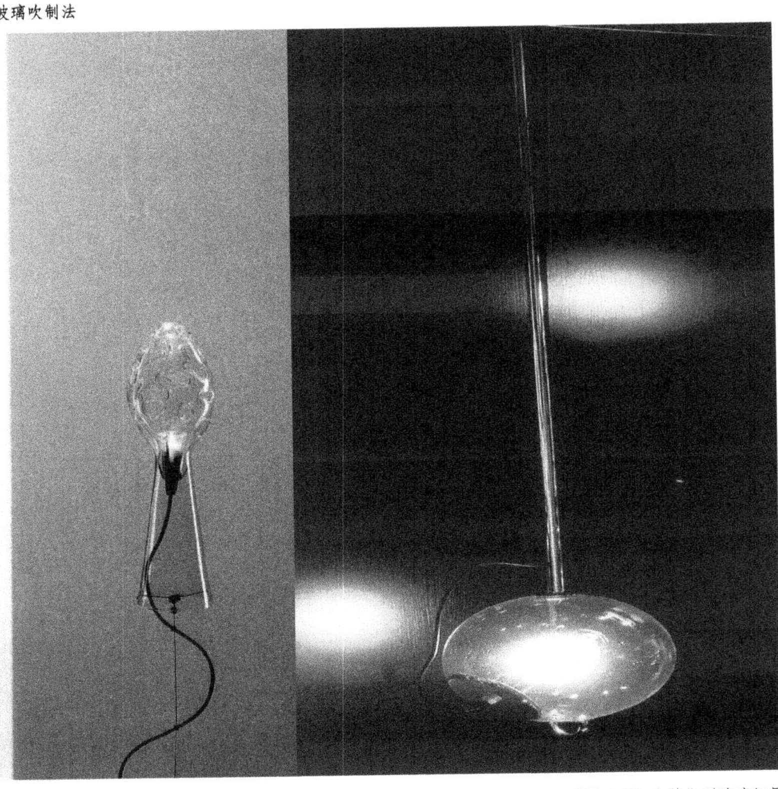

图1-4-12 几款线形玻璃灯具

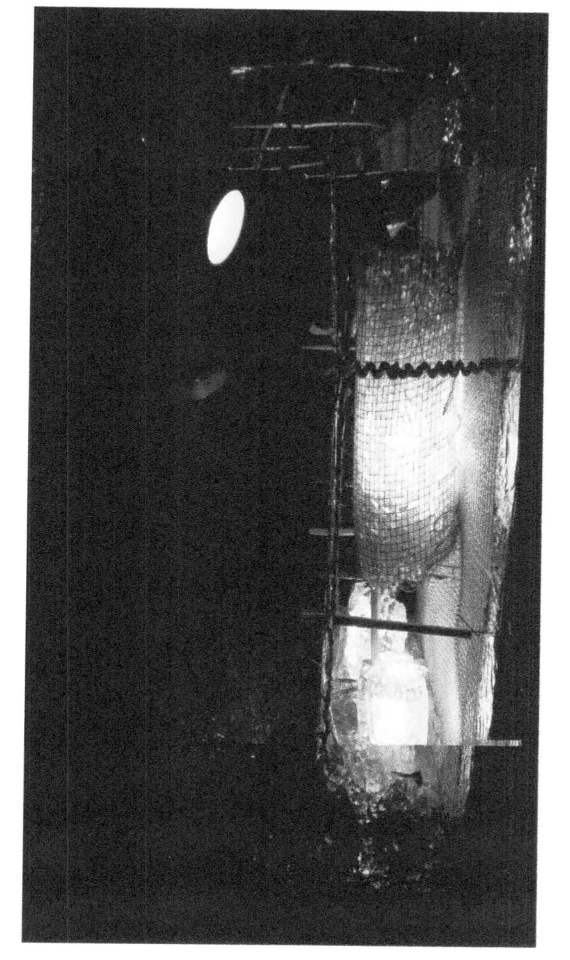

图1-4-13　多款玻璃造型灯饰带来的迷人魅力

4.3.2 金属材料

金属是指具有良好的导电、导热和可锻性能的元素。如铁、铝、铜等。合金是指两种以上的金属元素，或者金属与非金属元素所组成的具有金属性质的物质。如钢是铁和碳所组成的合金。黑色金属是以铁为基本成分的金属及合金。有色金属的基本成分不是铁，而是其它元素，例如铜、铝等金属和其合金。

金属材料在灯具中使用可分为两大类：一为结构承重材，二为饰面材。结构承重材较厚重，有支撑和固定作用；饰面材则多利用金属的色彩和形态。色泽突出是金属材料的最大特点。铝、不锈钢、钢材较具时代感；铜材较华丽、优雅，其中古铜色铜材则较古典，而铁则古朴厚重。

图1-4-14 金属支架和灯罩的台灯

图1-4-15 用铁丝铝网和纱制作的灯饰

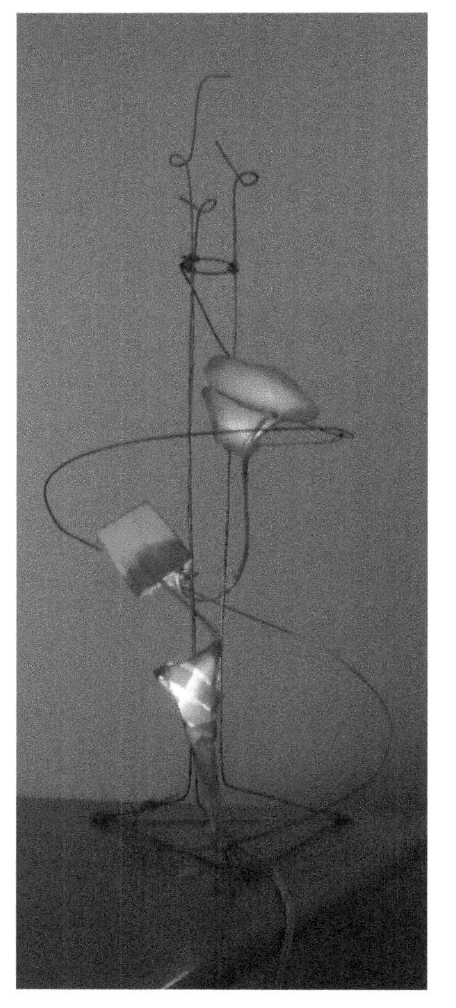

图1-4-16 铁丝架灯饰

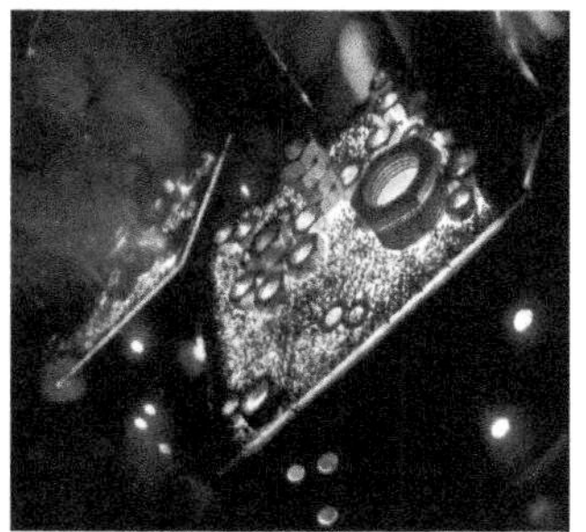

图1-4-17 用冲孔铁板和螺母制作的灯饰

图1-4-18 一款铁支架台灯

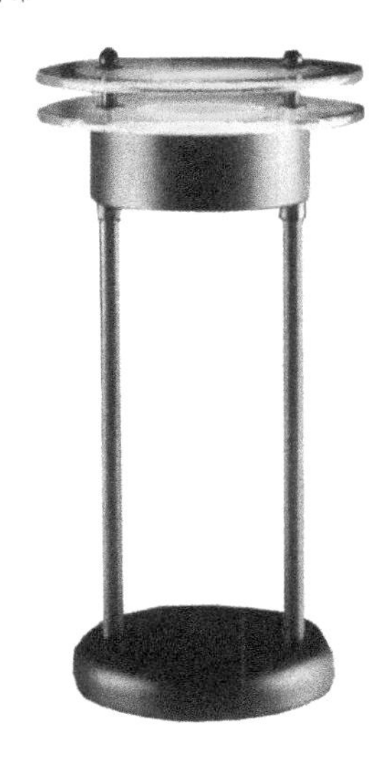

图1-4-19 一款不锈钢支架灯具

(1) 钢材。 钢材主要用来做灯具架构材料使用，其强度和拉伸性较好。形态有板材、型钢、管材、钢丝和钢网等。通过铸造、锻压，可以满足各种造型需要。表面可以进行多种艺术处理，如喷漆、烤漆、电镀、抛光以及压花等。构件连接主要有点焊、螺钉等方式。

(2) 铁材。 铁材是生活中最通用的一种金属材，可分为生铁材及熟铁材。主要作为灯具的构架使用。生铁含碳量2%～5%，比重7.2，可熔解，不耐锤击。熟铁含碳量0.05%～0.3%，比重7.7，不可熔解，耐锤击。其形态有板材、管材以及铁丝等，表面可以喷漆。

(3) 铝材。有色金属中的轻金属，银白色。具有良好的导电和导热性能，以及耐腐蚀、耐氧化性能，易于加工。在铝中加入合金元素，就成为铝合金。其一般机械性能会明显提高。形态有板材、管材、铝网和型铝等。

铝材表面处理方式一览：

	表面处理	色　泽	表面质感
a	阳极处理而呈银白色	铝本色	砂面、镜光面、布面、凹凸面
b	发色处理呈深褐色	古铜色　红褐色	砂面、镜光面、布面、凹凸面
c	表面喷保护薄膜	银　色	砂面、镜光面、布面、凹凸面
d	表面烤漆	金　色	砂面、镜光面、布面、凹凸面
e	表面喷漆较易剥落	褐　色	砂面、镜光面、布面、凹凸面

图1-4-20　铜瓶灯饰　　图1-4-21　铝制骨架灯饰

图1-4-22　用铝丝制作的巢状灯饰

图1-4-23　铁骨架灯饰

图1-4-24　一款不锈钢支架光纤灯饰

(4) 铜材。铜材具有良好的导电性能，在照明和电气系统中多作为导电材料使用。作为表面装饰材料，通过抛光、电镀、腐蚀等方法，可以制作特殊效果，多用来制作灯具结构。铜材会生铜绿，故使用铜材作灯具多加其他金属而成合金。加入合金元素，铜的颜色和性能将发生变化。

纯铜：性软、表面光滑、光泽中等，可产生绿锈。

黄铜：是铜与亚铝合金，耐腐蚀性好。

青铜：铜锡合金。

白铜：含9%～11%镍。

红铜：铜与金的合金。

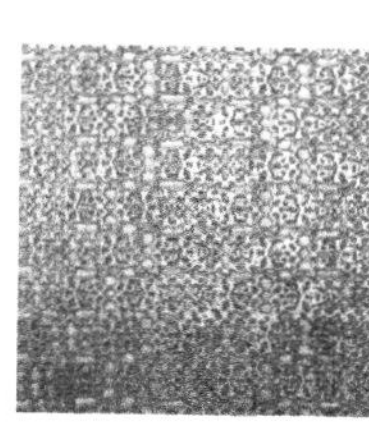
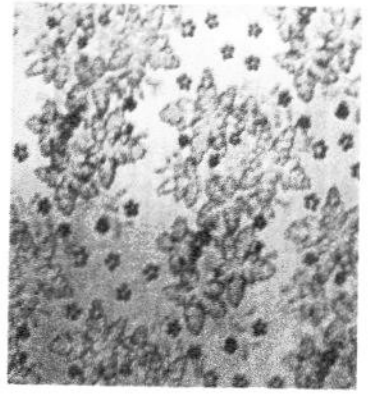
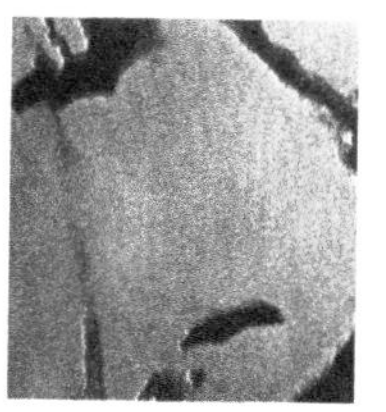

图1-4-25　多种铜表面腐蚀处理效果

图1-4-26　一款不锈钢支架玻璃灯饰

(5) 不锈钢。不锈钢是含铬12%以上，是具有耐腐蚀性性能的铁基合金和具有较强的防水、防腐及反光性能极好的金属材料。形态有板材和管材，表面多为镜面和雾面肌理效果。常做灯体使用，具有时尚感。

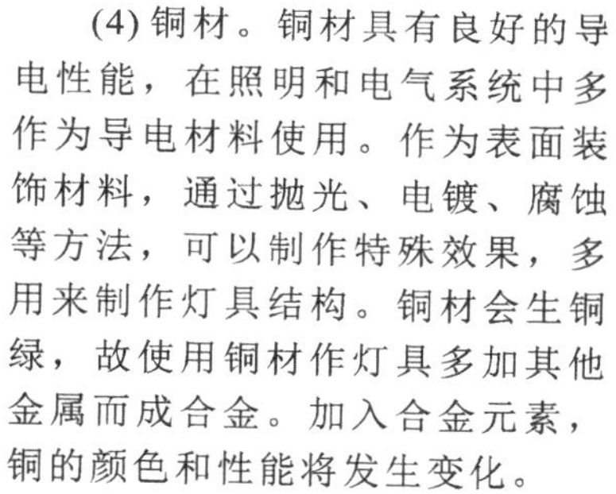

4.3.3 木材、竹、藤

木材具有材质轻、强度高，有较强的弹性和韧性等特点，另外易于加工和表面涂饰。特别是木材美丽的自然纹理，柔和温暖的视觉和触觉是其他材料所无法比拟的。木材在灯具制作中主要作为灯体构架出现。另外，薄木皮还可以做成透光灯罩。

(1) 木材。木材分针叶树材和阔叶树材两大类。针叶树树干通直而高大，易得大材，纹理平顺，材质均匀，木质较软而易于加工。表现为密度和胀缩变形较小，耐腐蚀性强，常见树种有松、柏、杉。往往用来制作灯体结构。阔叶树树干通直部分一般较短，材质硬且重，强度较大，纹理自然美观。灯具制作中常用的树种有榆木、榉木、樱桃木以及红木等，具有细腻的肌理感。木材的连接可以通过卯榫形式完成，其结构样式往往也是灯具的表现特点之一。木材表面的艺术处理主要有雕刻、油漆等手法。

(2) 竹材。常见的种类有毛竹、刚竹、桂竹、水竹、慈竹等，为我国特产。竹、藤特有的编织效果也会使灯具产生奇特韵味。

图1-4-27 藤材灯饰

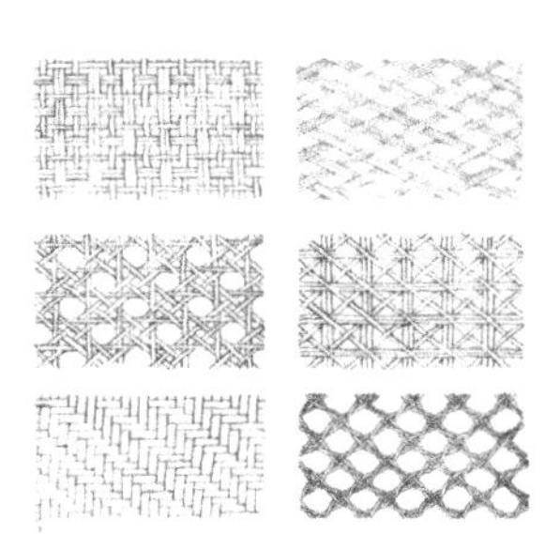

图1-4-28 藤材编织图案

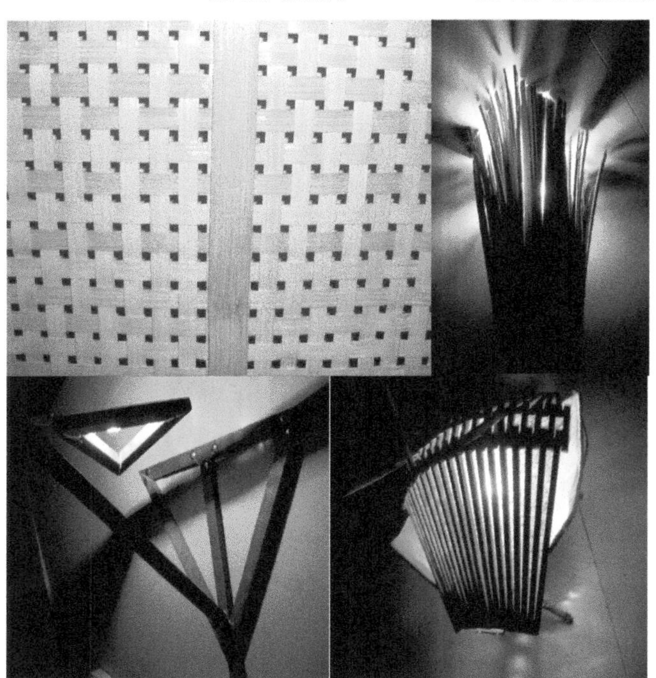

图1-4-29 竹编织及竹制灯饰

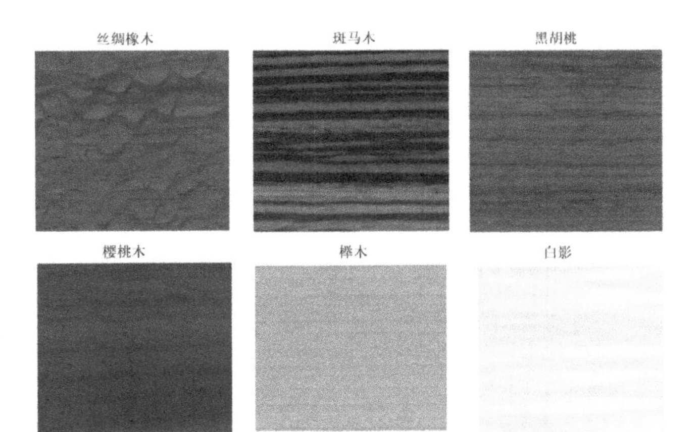

图1-4-30 各种木材纹理及木材染色处理

图1-4-31 木制基座造型灯饰

4.3.4 塑料材料

所谓塑料，是以合成树脂（高分子聚合物或预聚物）为主要成分，或加有其它添加剂（如填料、增塑料、稳定剂和色剂等），经一定温度、压力塑制成型的材料。塑料具有许多优异的性能，如比重小，耐腐蚀，良好的吸声、防震性能，而且易于加工，安装性能好，价格较低，以及良好的装饰效果。塑料的分类主要有：

(1) PVC（聚氯乙烯）。

(2) PU（聚氨酯）。

(3) PE（聚乙烯）。

(4) PMMA（有机玻璃）。

(5) PP（聚丙烯）。

(6) PS（聚苯乙烯）。

(7) ABS塑料。

(8) Up（不饱和聚酯）。

(9) GRP（玻璃纤维增强塑料、玻璃钢）。

图1-4-32 黄色泡沫条制作的构架灯具

图1-4-33 印花塑料灯具

在灯具中使用，首先塑料有一定的绝缘性能，可以制作电器、灯具的零部件。其次塑料可塑性能强，易于各种造型制作。另外其透光性好，适合灯具面罩制作。目前市场相当的灯具采用塑料透光面罩。要注意的是塑料的耐热性能较差，注意灯具的防火和隔热。

图1-4-34 有机玻璃造型灯饰

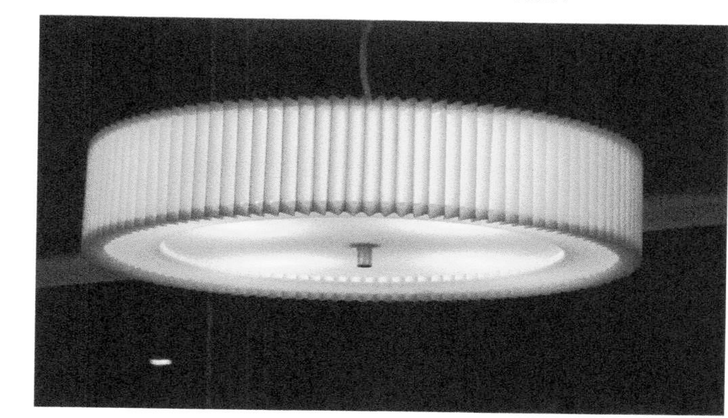

图1-4-35 圆形塑料灯饰

图1-4-36 可旋转的有机玻璃灯饰

图1-4-37 黄玉石吊灯　　图1-4-38 云石底座台灯

4.3.5 石材

石材是从天然岩石中开采而得的荒料，经过加工形成灯具所需要的高级饰面材料。主要有大理石、花岗岩和玉石等。其中尤以玉石具有透光性和大理石具有美丽的纹理，而常用来制作灯体和灯罩，高贵华丽。但由于加工难度较大，因而价格不菲。目前，市场有仿石材灯具，多为人造树脂合成材料制成，可以以假乱真，从而降低价格。

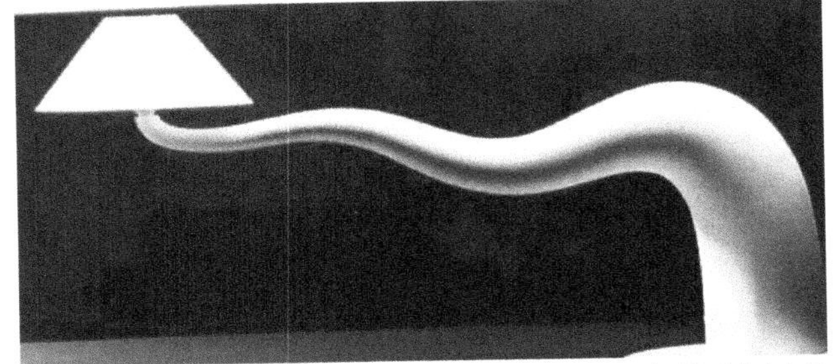

图1-4-39 陶质异型基座台灯

图1-4-40 景泰蓝陶瓷底座台灯　　图1-4-41 墨彩薄胎陶瓷灯

4.3.6 陶瓷

陶瓷是陶器和瓷器两大类产品的总称。陶瓷在灯具制作中，一是作为绝缘材料使用，另一是作为灯体造型出现。有些灯体本身就是艺术品，如用中式的青化瓷和粉彩瓷器，再配上灯罩，就是一件韵味独具的古典艺术灯具。另外现代陶艺作品配上光源，就会成为别具一格的时尚灯具。陶瓷的可塑性及独特肌理，使灯具具有艺术家气质。

图1-4-42 仿瓷树脂造型灯饰

图1-4-43 装饰陶艺灯

4.3.7 纸质

目前，灯具市场纸质灯具广泛流行。既有实用性，又可以营造特殊的情调和氛围。特别是灯罩纯手工折叠而成，部分材料拥有专利，有特殊色彩和肌理，并且可清洗。如日本纸。纸质灯具轻薄透明，射出的光柔润温馨，使居室空间环境效果富有感染力。纸表面同时还可以进行印刷、书画、裱贴等艺术处理。纸质灯具主要注意防火问题，可以在纸质灯罩里面加一层防火膜。

4.3.8 布、纱、绸

主要做灯具的面罩使用。由于其具有柔软性，须配合框架使用，易于加工。布又可以分为棉、麻、呢、绢、涤纶、晴纶等，布的艺术处理有刺绣、扎染、蜡染、印花、编织等手法；纱具有透明性，有较多的色彩选择；丝绸比较富丽，可以通过刺绣手法增加图案。由于材料具有易燃性，须注意防火。

图1-4-44 海螺状纸质灯饰

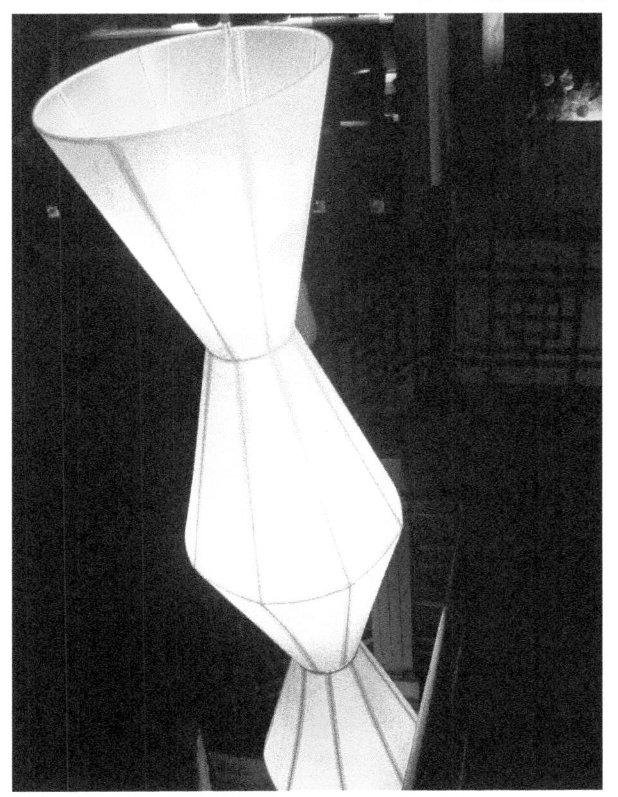

图1-4-45 纱质锥状灯饰

图1-4-46 多款纸质和皮质灯饰

4.3.9 皮革

皮革分为天然皮革和人造皮革，可以做为灯具面罩和面饰使用，有很好的艺术特点。常用的天然皮革有羊皮、牛皮等，肌理和色彩有所差异，表面可以彩绘、印刷、编织。

图1-4-47 两款绳艺编织灯饰

4.4 灯具的构造

灯具一般是由四部分组成，即灯体、灯罩、光源以及电料。

4.4.1 灯体

灯体是灯具的支架结构部分，具有稳定、支撑的作用。材质上一般多为金属、陶瓷或木制结构，相对较为结实。灯体往往是灯具的主要造型部位。需要注意的是，在考虑材质和造型的同时，应注意电源线路和光源位置的隐蔽与安全。

4.4.2 灯罩

灯罩是灯具光源的遮掩部位，一般由骨架和面罩两部分组成。是灯具光效的重要表现部位，其材质多样。总体上来讲可分为不透明、半透明和透明三种形式。灯具的造型、材质以及面积，都是直接影响光源输出效率的重要因素，设计上应着重考虑。同时还应特别注意对光源眩光的处理，以及灯具防火散热的考虑。

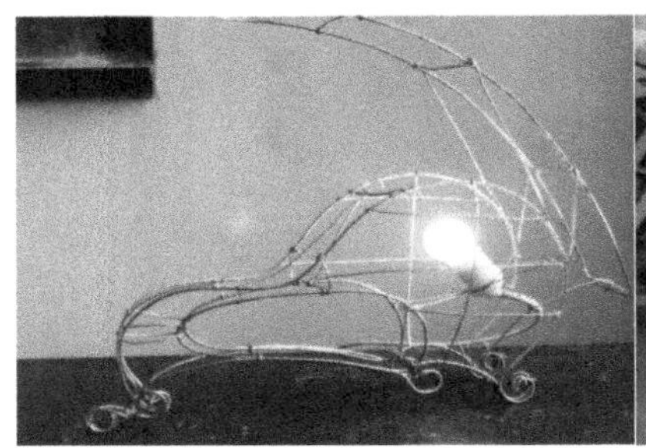

图1-4-49 灯具的骨架及最终效果

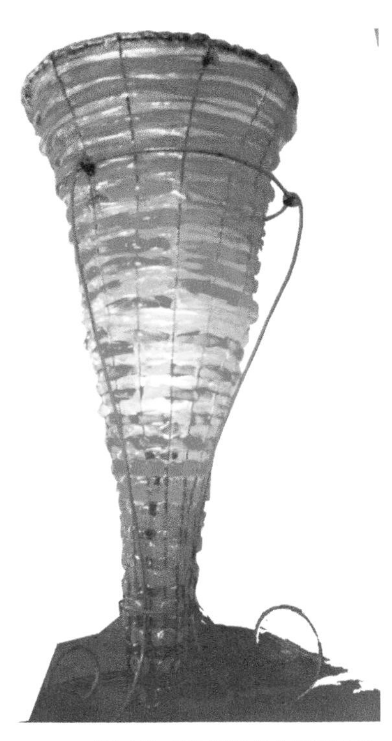

图1-4-48 用尼龙管和铁丝编织的灯饰

4.4.3 光源

光源是灯具的核心部分，没有光源就不能称其为灯具。目前的光源多为电灯，有多种类型可供选择。对于灯具来讲，光源的亮度和显色性是一个重要的衡量标准，也是表现空间气氛的重要依据。选择何种光源可以根据灯具的实际功能要求决定。

4.4.4 电料

电料包括电线、插头、插座、可控开关以及相关配件等，是灯具安全的主要部位。设计上应选择达到国家标准的电料产品，同时注意接头的安装标准和规范。

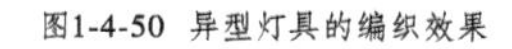

图1-4-50 异型灯具的编织效果

图1-4-51 用纸制作的螺旋灯饰

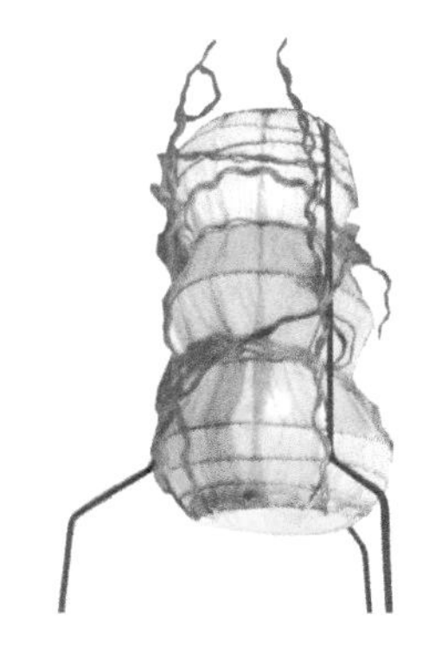

图1-4-52 布艺绑扎灯饰

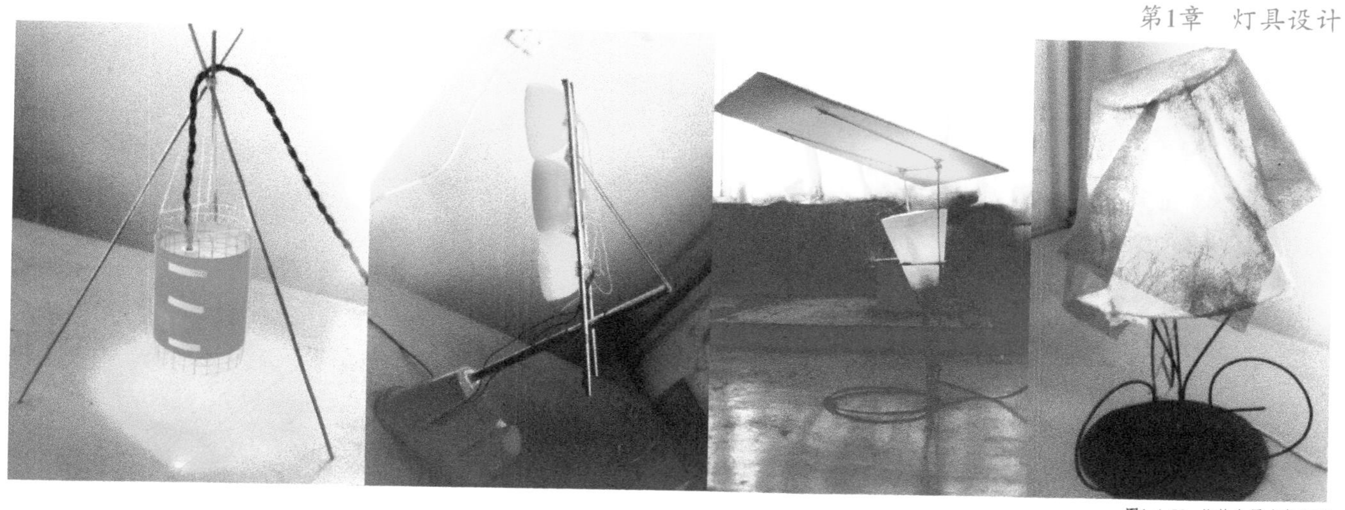

图1-4-53 几款金属支架灯具

4.5 灯具设计注意事项

灯具设计要注意使用上的安全。由于灯具的使用与人息息相关，相互接触频率高，所以灯具的安全考虑就十分必要，应注意以下几点安全事项：

4.5.1 对热辐射的考虑

热辐射主要来自光源的热辐射，它会使灯具内部温度升高，从而损坏灯具。可以通过以下办法来避免：

（1）选用隔热或耐热材料作部件，如石棉。

（2）利用散热片、反射板、散热口将热能散发出去。

（3）依靠风扇强制派风。

（4）选用低辐射光源。

4.5.2 灯具要有足够的强度

（1）首先，灯具的结构要合理，材料稳固。

（2）灯具本身有重量，注意加强固定件的强度。

（3）注意灯具在外力下的强度，如风荷载，外冲击力等。

4.5.3 注意电器安全问题

（1）采用合格的电气零件和材料，须达到国家规定的质量标准和技术指标。

（2）防止带电部分外露，注意绝缘处理。

（3）注意电线的电流负荷符合规范。

图1-4-54 灯具产生的光晕效果

图1-4-55 金属枝叶与红色塑料产生的对比效果

图1-4-56 纸构制作的特殊光晕效果

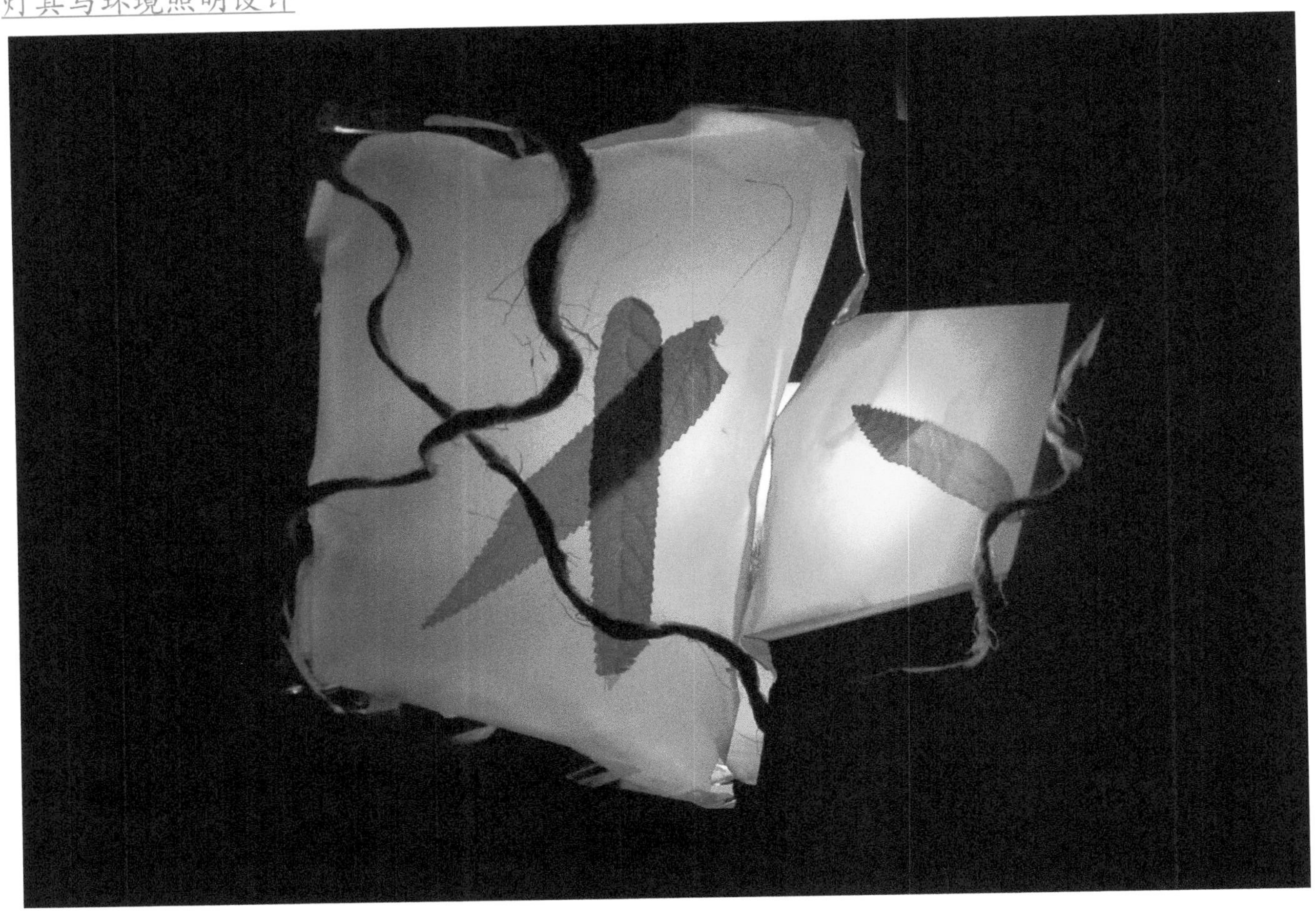

图1-4-57 一款以叶子为主题的灯饰

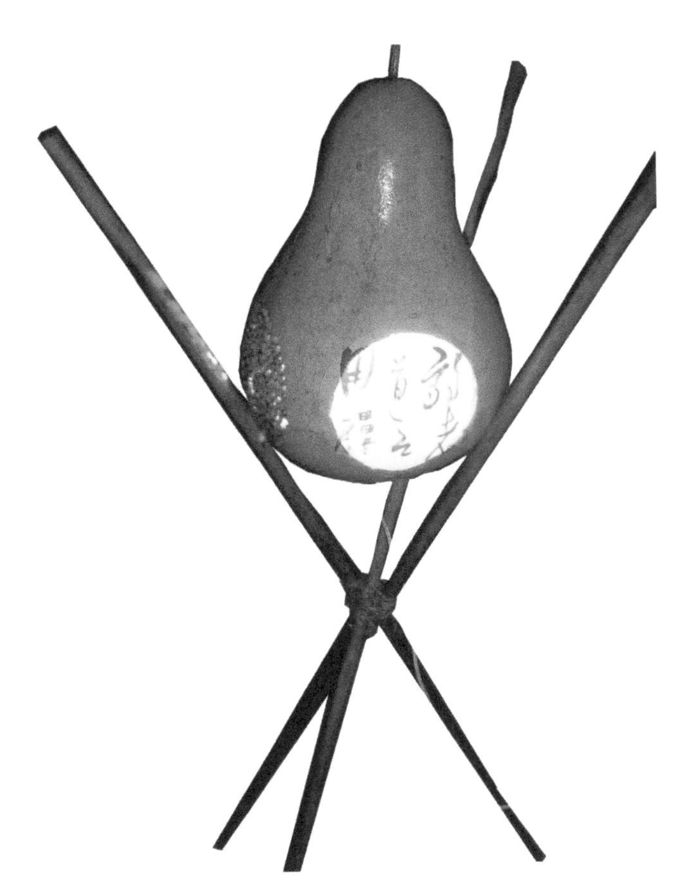

图1-4-58 一款以葫芦为主题的灯饰

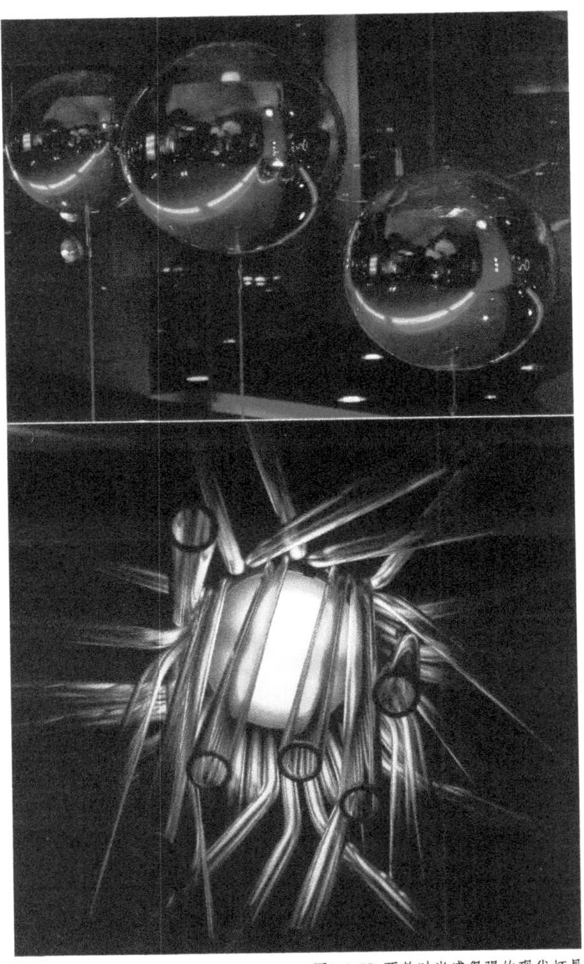

图1-4-59 两款时尚感很强的现代灯具

第2章　环境照明设计

第1节 装饰与艺术照明

1.1 装饰与艺术照明的作用

近年来，装饰与艺术照明在建筑中的美化作用与日俱增。这是由于它不仅为人们工作、学习、生活提供良好的视觉条件，而且利用灯具造型及其光色的协调，使室内环境具有某种气氛和意境，体现一定的风格，增加建筑艺术的美感，使环境空间更加符合人们的心理和生理上的要求，从而得到美的享受和心理平衡。所以，在现代照明设计中，为了满足人们的审美要求，更加致力于利用光的表现力对室内空间进行艺术加工，以满足视觉的心理机能，并发挥很好的作用。其主要效用叙述如下：

1.1.1 丰富空间内容

在现代照明设计中，运用人工光的扬抑、隐现、虚实、动静以及控制投光角度和范围，以建立光的构图、秩序、节奏等手法，可以大大渲染空间的变幻效果，改善空间比例，限定空间领域，强调趣味中心，增加空间层次，明确空间导向。可以通过明暗对比，在一片环境亮度较低的背景中突出聚光效应，以吸引人们的视觉注意力，从而强调主要去向，也可以通过照明灯具的指向性使人们的视线跟踪灯具的走向而达到设计意图所刻意创造的空间。

1.1.2 装饰空间艺术

人工光的装饰效用可以通过灯具自身的造型、质感以及灯具的排列组合对空间起着点缀或强化艺术效果的作用。但是，只有当灯具的选择与室内的体量形状以及用途性质相协调时，才能更有效地体现出光的装饰表现力。

灯饰在现代建筑和室内设计中扮演重要的角色。照明灯具的艺术化处理，对建筑物起着锦上添花、画龙点睛的作用，使室内空间体现各种气氛和情趣，反映建筑物的风格。

人工光的装饰作用除了与照明灯具的造型有关，也与室内空间的形、色合为一体。当灯光照射在室内的外露结构或装饰材料上时，借助于光影效果便将结构或装饰材料美的韵律揭示出来。如果进一步考虑光色因素，会使这种美的韵律增添神奇的效果。当人工光与室内流水、特别是与声控的喷泉相结合时，那闪烁万点的碎光和成串跃动的光珠，给室内空间平添奇丽多姿的艺术效果。

图2-1-1 背发光字体产生的立体感

图2-1-2 暗藏光带产生的丰富效果

图2-1-3 背光屏风产生的照明气氛

图2-1-4 某茶楼门头的艺术照明处理

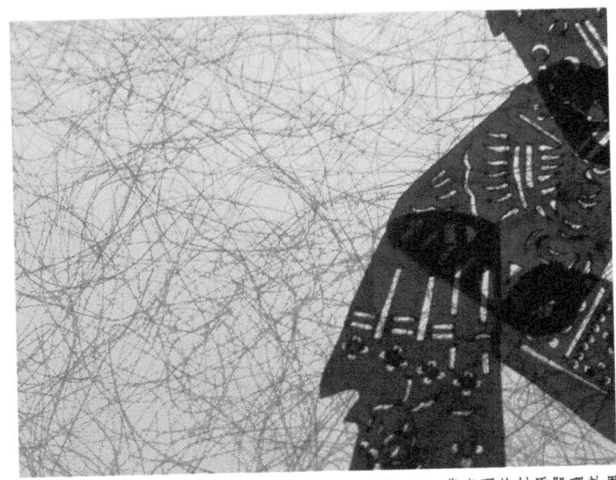
图2-1-5 背光下的材质肌理效果

图2-1-6 墙面灯龛艺术处理透视一

图2-1-6 墙面灯龛艺术处理透视二

图2-1-7 几种环境下的艺术照明处理

1.1.3 渲染空间气氛

灯具的造型和灯光色彩，用以渲染空间环境气氛，能够收到非常明显的效果。例如，盏盏水晶吊灯可以使门厅、客厅显得富丽豪华；一排排整齐的荧光灯可以使教室、办公室简洁大方；舞厅内旋转变幻的灯光会使空间扑朔迷离，富有神秘色彩；而外形简练的新型灯具，使人们体验科学技术的进步，感到新颖明快；灯光投射角选配得当，会使景观更加生动耐看；变化灯光的投射方向，有意形成些非正常的阴影，则使人们感到气氛奇特，令人惊叹。

人工光源加上滤色片可以产生各种色光，是用以取得室内特定情调的有力手段。暖色调表现愉悦、温暖、华丽的气氛；冷光色则表现宁静、高雅、清爽的格调。 值得注意的是，形成室内空间某种特定气氛的视觉环境色彩，是光色与光照下环境实体显色效应的总和，因此必须考虑室内环境中的基本光源与次级光源(环境实体)的色光相互影响、相互作用的综合效果。例如，在以暖色调为主的室内空间中，如果用荧光灯(冷光源)照明，由于这种光源所发出的青蓝光成分多，就会给鲜艳的暖色蒙上一层灰暗的色凋，从而使室内温暖、华丽的气氛受到破坏。如果采用白炽灯(暖光源)照明， 则可使室内的温暖基调得以加强。

图2-1-8 几种顶棚艺术照明处理效果

1.2 照明对视觉的影响

视觉是由进入眼睛的光所产生的视觉印象而获得的对于外界差异的认识。通过视觉获得信息的效率和质量，和一个眼睛的特性和照明的条件有关。光刺激必须达到一定的数量才能引起感觉。能引起光感觉的最低限度的光通量，叫做视觉的绝对阈限。绝对阈限的倒数表明感觉器官对最小刺激的反应能力，叫做绝对感受性。当光的亮度不同时，人的视觉器官的感受性也不同，因而人们在不同照明条件下可能有不同感受，在看清和看细方面是存在差异的，这表明不同照度条件下的不同视觉。人的视觉器官不仅能反映光的强度，还能反映光的波长特性。前者表现为亮度的感觉，后者表现为颜色的感觉。人们看到的各种物体不同的颜色，是由于它们所辐射和反射的光，其光谱特性不同而已。

1.2.1 视觉功能

影响视觉功能的因素有以下几种：

(1) 对比灵敏度。眼睛要能够辨别某背景上的任意物体，必须使物体与背景具有不同的的颜色，或物体与背景有明显的亮度区别。前者为颜色对比，后者为亮度对比。

(2) 视觉敏锐度。是对物体的色彩和亮度的感知程度。为了提高视觉敏锐度，必须提高背景的亮度和照度。彩色光照明要比白色光照明更能提高视觉敏锐度。

(3) 视觉感受速度。视觉感受速度一般随着背景的亮度增加而增加。由此可见，视觉能力与背景的亮度水平或照度水平有关，照度是照明质量的主要方面。

图2-1-9　自然采光与人工采光结合的室内空间环境

图2-1-10　多种布光方式产生的空间照明效果

图2-1-11　古雕花门扇采取了背光和面光结合的照明方式突出重点

图2-1-12 某玄关的艺术照明处理

1.2.2 颜色视觉

颜色感觉的基本特征可用色调、亮度和饱和度来表征。一切颜色都可以按照这三个基本特征的不同而加以区别。

(1) 色调。色调是辐射的波长标志，即一定波长的光在视觉上的表现。各种颜色，不论其光谱成分如何，在视觉上总是表现为与某一种光谱色(或绛色)相同或相似， 这便是颜色的色调。

(2) 颜色亮度。亮度越大则越接近白色，亮度越小则越接近黑色。亮度反映了辐射的强度(功率) 。强度愈大则亮度愈大。色调相同的颜色由于亮度不同而有区别。

(3) 饱和度。饱和度指某种颜色与同样亮度的灰色之间的差别，表示辐射波长的纯洁性。光谱的各种颜色是比较纯洁的， 即饱和度大，如果在光谱的某一种颜色中加入白色，颜色就会淡薄起来，即颜色的饱和度减小了。

1.2.3 颜色辨认

人们在亮度较高的条件下，利用眼睛能够分辨各种颜色。例如，用三棱镜将日光分解，可以看到红、橙、黄、绿、青、蓝、紫等七种颜色。实际上，这七种颜色不是截然分开而是逐渐过渡的。从红到紫的颜色变化中还可以分成许多中间的颜色。

颜色反映光的波长特性。波长变化时，颜色也发生变化。在整个光谱区，人眼可以分辨出上百种不同的颜色。

图2-1-13 发光灯柱产生的反射照明

图2-1-14 反射光对周边物体产生的立体光影

图2-1-15 客房标准间中的台灯与顶面点光源的结合

1.2.4 颜色的光学混合定律

人们的视觉器官具有综合性能，即具有能够把物体所发出的不同波长的光线，综合成某种颜色的感觉。视觉器官的综合性能表现在以下三个颜色光学混合定律中：

(1)对任何一种颜色来说，均能与另外一种颜色相混合而得到某种非彩色(灰色或白色)。这两种颜色叫做互补色。例如，红色与青绿色、橙色与青色、黄色与蓝色、绿黄色与紫色等都是互补色，其中任何一对互补色混合都得到非彩色。但是，两种为互补色的光线只有在它们的强度具有一定的对比关系时才能因混合而得到一种非彩色。

(2)如果在眼睛里混合的颜色不是互补色，则会得到另外一种颜色的感觉，这种彩色的色调介于两个混合颜色的色调之间。例如，红色和黄色混合得出橙色，蓝色和绿色混合得出青色等。

(3)混合色的颜色不易被混合的光谱成分为转移。即每种被混合的颜色本身也可以由其他颜色混合而得到。颜色的光学混合是由不同颜色的光线引起眼睛同时兴奋的结果。它与颜料混合完全不同。颜料混合是利用不同波长的光线在所混合的颜料微粒中，逐渐被吸收而引起的变化。

颜色的光学混合定律在装饰与艺术照明中可以得到实际应用。例如可以利用几种光色不同的光源的混合光来得到光色优良的照明，这是获得良好照明很经济的办法。三基色荧光灯、钠一铊一铟灯等新光源的制造便是应用颜色光学混合定律的实例。

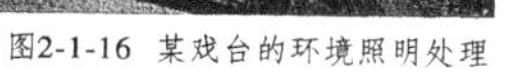

图2-1-16 某戏台的环境照明处理

图2-1-17 背景光与重点光对物体的艺术处理

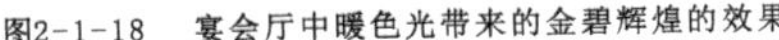
图2-1-18　宴会厅中暖色光带来的金碧辉煌的效果

图2-1-19　金色花窗产生的宁静感

1.2.5 颜色显示

物体表面的颜色由从物体表面所反射出来的光的成分和它们的相对强度决定。当反射光中某一波长最强时，物体便显示某种色调。这个最强的波长就决定了该物体的色彩。显然，物体所显现的颜色与物体的反射特性(光谱反射系数)以及光源的辐射光谱有关。

现代照明的人工光源种类很多，它们的光谱特性各不相同，所以同一颜色样品在不同光源照射下会显现不同的颜色，即将产生颜色变化。为了对各种光源进行比较和评价，通常用显色性来说明光源的光谱特性。显色性是在某种光源的照明下，与作为标准光源的照明相比较，各种颜色在视觉上的变化程度，在显色性比较小的情况下，一般用日光或近似日光的人工光源作为标准，其显色性为最优。

图2-1-20　空间中冷暖光色对比产生的层次感

图2-1-21 黄色光带与红色吊灯带来的暖意感

1.3 色彩的使用效果

色彩通过视觉器官为人们感知后，可以产生多种作用和效果，运用这些作用和效果，有助于装饰与艺术照明设计的科学化。

1.3.1 色彩的物理效果

具有颜色的物体总是处于一定的环境空间中，物体的颜色与环境的颜色相混杂，可能相互谐调、排斥、混合或反射，结果便要影响人们的视觉效果，使物体的大小、形状等在主观感觉中发生这样那样的变化。这种主观感觉的变化，可以用物理单位来表示，如温度感、重量感和距离感等，常称之为色彩的物理效果。

1.3.2 色彩的心理效果

色彩的心理效果主要表现为两个方面：一是悦目性，二是它的情感性。所谓悦目性，就是它可以给人以美感；所谓情感性说明它能影响人的情绪，引起联想，乃至具有象征的作用。

不同年龄、性别、民族、职业的人，对于色彩的好恶是不同的；在不同时期内人们喜欢的色彩，其基本倾向也不相同。所谓流行色，表明的是当时色彩流行的总趋势。不同年龄、性别、文化素养、社会经历的人，对色彩引起的联想也不相同。

色彩给人的联想可以是具体的，有时也可以是抽象的。所谓抽象，指的是联想起某些事物的品格和属性。例如，红色最富有刺激性，很容易使人联想到热情、热烈、美丽、吉祥，也可以联想到危险、卑俗和浮躁。蓝色是种极其冷静的颜色，最容易使人联想到碧蓝的海洋。抽象之后，则会使人从积极方面联想到深沉、远大、悠久、纯洁、理智，但从消极方面联想，却容易激起阴郁、贫寒、冷淡等情感。绿色是森林的主调，富有生机。它可以使人联想到新生、青春、健康和永恒，通常是公平、安祥、宁静、智慧、谦逊的象征。白色能使人联想到清洁、纯真、神圣、光明、平和，也可使人联想到哀怜和冷酷。色彩的联想作用还受历史、地理、民族、宗教、风俗习惯的影响。

图2-1-22 重点区域通过聚光和背景色彩强化

图2-1-23 冷暖环境产生的不同氛围

1.3.3 色彩的生理效果

色彩的生理效果首先在于对视觉本身的影响，也就是由于颜色的刺激而引起视觉变化的适应性问题。色适应的原理经常运用到室内色彩设计中，一般的做法是把器物的色彩的补色作为背景色，以消除视觉干扰，减少视觉疲劳，使视觉感官从背景色中得到平衡和休息。正确地运用色彩将有益于身心的健康。例如，红色能刺激和兴奋神经系统，加速血液循环，但长时间接触红色却会使人感到疲劳，甚至出现精疲力尽的感觉。所以起居室、卧室、会议室等不宜过多地运用红色。绿色有助于消化和镇静，能促进身心平衡。蓝色能帮助消除紧张情绪，形成使人感到幽雅、宁静的气氛，所以在办公室、教室和治疗室等处经常用到。

图2-1-24　墙面与木雕在同一光源下的区别

1.3.4 色彩的标志作用

色彩的标志作用主要体现在安全标志、　管道识别、　空间导向和空间识别等方面。例如，用红色表示防火、停止、禁止和高度危险，用绿色表示安全、进行、通过和卫生等。用不同的色彩来表示安全标志，对建立正常的工作秩序、生产秩序、保证生命财产的安全、提高劳动效率和产品质量等具有十分重要的意义。但是过多使用安全标志反而会松懈人们的注意力，甚至使人心烦意乱，无法达到预期的目的。

在室内色彩设计中，将色彩用于管道和设备识别，将有助于管道和设备的使用、维修和管理。色彩可以导向。在大厅、走廊及楼梯间等场所沿人流活动的方向铺设色彩鲜艳的地毯，设计方向性强的色彩地面，可以提高交通线路的明晰性，更加明确地反映各空间之间的关系。

色彩可用于空间识别。高层建筑中可用不同色彩装饰楼梯间及过厅、走廊的地面，使人们容易识别楼层。商店的营业厅，可用不同色彩的地面显示各种营业区。

图2-1-25　底发光使物体的立体感更强

1.3.5 色彩的吸热能力和反射率

颜色深的物体其吸热能力远远大于颜色浅的物体。不同颜色的物体反光的能力也不相同。一般地说，色彩的透明度越高，反射能力就越强。主要颜色的反射率如下:白84%；乳白70.4%；浅红69.4%；米黄64.3%;浅绿54.1%;黑色2.9%;深绿9.8%；按照反射率的大小正确选用墙面、顶棚的颜色，对于改善室内采光和照明条件有着重要的作用，不仅可以提高照明效率，而且能够较好地体现装饰效果。

图2-1-26　灰色环境中金色显得尤为突出

1.4 照明美学问题

照明美学是由自然科学和美学相结合而形成的一门新兴的实用性学科。它属于自然科学的范畴，所以是对自然规律的认识，并具有无限深入自然现象本质的能力。同时，人们对生动的多样性的现实，还有一种审美认识。这种审美认识也要深入到现象的本质，但是它的任务是通过创造典型形象来反映自然界的客观规律。它不仅不会破坏现实生动的多样性，而且有能力显露和表现客观现实的这种多样性。

1.4.1 装饰与艺术照明属于实用科学技术的范畴

它的多样性不仅体现人的本质力量，而且体现为审美的形式，它蕴孕着一种有异于传统美学研究对象的特殊的美。现代科学技术丰富了装饰与艺术照明的表现力，人们对美的认识，不仅仅停留在数、和谐、均衡、比例、整齐、对称等感性认识上，还注意揭示科学技术和对于自然美典型概括的艺术之间必然存在着的某些内在联系。两者在自然美的范畴内互相渗透、互相贯通、互相依存、互相合作。也就是说，科学技术与美学之间的关系，通过技术美学这个中间环节，联系得更加紧密了。

任何艺术形式的具体表现都离不开一定的物质条件，这些物质条件或构成艺术的材料(如颜料、图画等)，或成为艺术表现所依赖的物质基础（灯具、调光设备等）。随着科学技术的进步，新的艺术表现形式不断增加，极大地丰富了艺术的表现力，如动态感、真实感等等。

1.4.2 美好的环境离不开色彩的装饰

色彩的美与它本身的物理性质有关(不同的颜色有不同的波长)。而且对人的生理和心理有较大的影响。不同颜色对人生理的不同刺激，影响到人们对色彩有不同的心理感受。由于色彩在社会生活中与人们广泛地接触，往往形成相对稳定的社会属性。红色，常使人们想到太阳，想到火、想到血，　给人鼓舞，使人振奋；　白色，常使人们想到冰雪，想到寒冷，给人纯洁、冷峻、空虚乃至恐怖的感觉；黄色，带有高贵的意味，显得明亮、柔和、活跃、素雅；紫色，表现贵重、庄严；绿色，使人们联想到青山碧水，象征着青春、和平、生命。

色彩的美，要求鲜明，丰富和谐统一。鲜明的色彩，给人们的视觉以较强的刺激，容易引起美感，引起人们的注意。

丰富，是色彩的第二个要求。色彩丰富，给人的美充实、持久。如果很单调，会使人感到乏味，引起人们厌倦。

和谐统一是对色彩美的最高要求。各种色彩要做到和谐统一，要注意设置一个基调，各种色彩都要服从这个基调。另外,要正确处理相似色和互补色的调配。相似色有秩序地排列，可以收到和谐的效果。如紫色与红色、　紫色与蓝色、绿色与黄色。互补色如红与绿、蓝色与橙色、紫色与黄色，它们可以互为补色，增加对方的强度。只有色彩鲜明、丰富、和谐统一，才能真正给人们以美的感觉，得到美的享受。

图2-1-27　光色材质肌理的对比

图2-1-28 花式光带是空间中的焦点

图2-1-29　红色墙面在光源下显得醒目华丽

图2-1-30　玻璃上的冷光和木窗上的暖光拉伸了空间景深

图2-1-31　自然光下的阴影

图2-1-32 人工光源下的阴影

图2-1-33　婆娑迷离的光线

1.4.3 装饰与艺术照明设计要注意其独特的艺术语言风格

装饰和艺术照明设计在考虑使用功能的同时，还要体现美感、气氛和意境，有时甚至把装饰效果摆在首位。它同一般照明相比，无论在灯具选型、设计和安装方法，以及对建筑物本身的要求等，都有所不同。

在艺术处理上，应根据整体空间艺术构思来确定照明的布局形式，光源类型以及配光方式等。

在设计装饰和艺术照明时，还应根据光的特性，有意识地创造环境空间气氛，例如利用光进行导向处理，利用光形成虚拟空间，以及利用光来表现材料的质感等。

色彩的感觉是一般美感中最大众化的形式，因此它是装饰与艺术照明中很重要的表现手段。设计时应根据功能确定色彩，注意环境条件，掌握配色规律，调度色彩关系，以达到功能、适用和最佳的艺术效果。

图2-1-34　冷暖环境下带来的宁静和热烈

第2节 环境照明设计要点

2.1 环境照明设计的基本原则

“安全、适用、经济、美观”是照明装置设计的基本原则。

所谓适用，是指能提供一定数量和质量的照明，保证规定的照度水平，满足工作、学习和生活的需要。灯具的类型、照度的高低、光色的变化等，都应与使用要求相一致。一般生活和工作环境，需要稳定柔和的灯光，使人们能适应这种光照环境而不感到厌倦。

照明装饰设计必须考虑照明设施安装、维护的方便、安全以及运行的可靠。

照明装饰设计的经济性包含两个方面的意义：一方面是采用先进技术，充分发挥照明设施的实际效益，尽可能以较小的费用获得较大的照明效果；另一方面是在确定照明设施时要符合我国当前在电力供应、设备和材料方面的生产水平。

照明装置具有装饰房间、美化环境的作用。特别是对于装饰性照明，更应有助于丰富空间的深度和层次，显示被照物体的轮廓，要表现材质美，使色彩和图案更能体现设计意图，达到美的意境，影响空间体量感与装修表现观感上的环境气氛。但是，在考虑美化作用时应从实际情况出发，注意节约。一般的生产、生活福利设施，不能为了照明装置的美观而花费过多的投资。

环境条件对照明设施有很大的影响。要使照明设计与环境空间相协调，就需要正确选择照明方式、光源种类、灯泡功率、灯具数量、型式与光色，使照明在改善空间体量感、形成环境气氛等方面发挥积极的作用。

图2-2-1　建筑夜间外景装饰照明

2.2 环境照明设计的主要内容

照明设计的主要内容及具体步骤如下：

(1)确定照明方式、照明种类并选择照度值。

(2)选择光源和灯具类型进行布置。

(3)选择供电电压电源。

(5)选择照明配电网络的形式。

(6)选择导线型号、截面和敷设方式。

(7)选择和布置照明配电箱、开关、熔断器和其他电气设备。

(8)绘制照明布置平面图，同时汇总安装容量，开列主要设备和材料清单。编制概(预)算，进行经济分析。

图2-2-2　展示空间的艺术布光方式

2.3 照明设计需要注意的几个问题

(1)要注意色彩协调 。光色应与建筑物内部装饰色彩相协调，否则就会形成不相宜的环境气氛。例如在宴会厅宜用白炽灯作光源，由于白炽灯红色光成分多，气氛热烈。

(2)要避免眩光 。 由于灯饰五彩缤纷，供人观赏，因此要求光线柔和无眩光。

(3)要合理分布亮度 。 为了满足工作和学习的需要，室内固然要有一定的照度值，但亮度分布也要合理。顶棚较暗，空间就显得狭小，使人感到压抑； 顶棚明亮便显得宽阔，会使人感到明快开朗。

(4)要显示照射目标。 灯光的照射方向和光线的强弱要合适，尤其是商店橱窗照明，对商品采用多层次、多方向的照射，显示商品特色，更加引人注目。

2.4 环境照明设计的基本布光方式

(1) 一般照明。其特点是光线分布比较均匀。如会议室、办公室等场所。能使空间显得明亮宽敞。

(2) 局部照明。局限于特定工作部位的固定或移动的照明。其特点是能为特定的工作面提供更为集中的光线，并能形成有特点的气氛和意境。如客厅、书房、卧室、餐厅、展览厅和舞台等使用的壁灯、台灯、投光灯等都属于局部照明。

(3)混合照明。一般照明与局部照明共同组成的照明，称为混合照明。混合照明实质上是在一般照明的基础上，在需要另外提供光线的地方布置特殊的照明灯具。这种照明方式在装饰与艺术照明中应用得很普遍。商店、办公楼、展览厅等大都采用这种比较理想的照明方式。

图2-2-3 局部重点照明突出物体　　图2-2-4 混合照明在空间中的运用

图2-2-5 店面内外环境中多种光源的配合使用

第 3节 光 源

3.1 光源的分类

光源包括自然光源和人造光源。

自然光源包括日光、月光、火光、矿物光等。

人造光源包括烛光、火炬、电灯等。

很多世纪以来，实际上直到今天，日光是可以最广泛利用的光源，包括白天的直射光和晚上月亮反射的光。尽管日光的强度及颜色会随着天气等大气条件而改变，同时还取决于观察者在地球上的纬度，但它始终是我们判断照明效果的标准。

人工光源是从油灯和蜡烛开始的，它们都发出比日光更红、更暖的光。一直到19世纪，才出现更为复杂的光源，起初是煤气灯，然后是19世纪80年代的第一批电灯。蜡烛作为光源的历史使命在照明技术术语中得以幸存,很长一段时间中光输出量都是以烛光来测量。光的度量分为以下四个阶段：在光源处，光在空间里的传播，光到达物体的表面，以及光由表面反射回来。“cd”(堪德拉)就是这种计算采用的现代单位，1cd相当于光源在1立体角或1球面度的范围内发出1lm(流明)的光通量。物体表面的照度水平以lx(勒克斯)，或lm／m^2(流明／平方米)为计算单位。

人工光，从烛光到冷镀膜低压卤钨灯、三基色荧光灯或许多家庭使用的简单球形白炽灯，都是通过消耗能量，一般是电能发光。光源分类的基本原则是根据通过空间或经过在惰性气体或真空中的金属线圈导电，将能量转换成光，一部分能量转换成热。为了使光源正常工作，需要把光源放在灯具内，这可以是简单的灯座或是包括镜头或反射板在内的复杂装置，以引导或控制光输出。在决定合适的光源用于部分或全部照明计划时，需要有一定的基本考虑。其中一些与任务的实用性有关，如光输出、光效和费用；一些与被照空间的美学表现有关，如光分布、强度和漫射。因为尽管灯型很重要，但却不是决定整体照明质量的全部因素，在大多数情况下，需要设计一套使用不同灯具和装置来达到整体效果的系统。

图2-3-1 自然光源在室内空间的明暗变化

图2-3-2 人造光源对室内空间的影响

3.2 电光源的种类

常用的电光源有白炽灯、荧光灯、荧光高压汞灯、卤钨灯、高压钠灯和金属卤化物灯等，根据其工作原理，基本可分为热辐射光源和气体放电光源等两大类：

1.热辐射光源 。主要是利用电流将物体加热到白炽程度而产生发光的光源，如白炽灯、卤钨灯。

2.放电光源。利用电流通过气体(或蒸汽)而发射光的光源。这种光源光效高，使用寿命长，使用广泛。

(1)放电光源按放电媒介分类。

①气体放电灯。 这类光源主要利用气体中的放电而发光，如氙灯、氖灯等。

②金属蒸汽灯。 这类光源主要利用金属蒸汽中的放电，光主要由金属蒸汽产生，如汞灯、钠灯等。

(2)放电光源按放电的形式分类。

①辉光放电灯。 这类光源由正辉光放电柱产生光，放电的特点是阴极的次级发射，比热电子发射大得多(冷阴极)，阴极位降较大(100伏左右)，电流密度较小。这种灯也叫冷阴极灯， 霓虹灯属于辉光放电灯。这类光源通常需要很高的电压。

②弧光放电灯。 这类光源主要利用弧光放电柱产生光(热阴极灯)，放电的特点是阴极位降较小。这类光源通常需要专门的启动器件和线路才能工作。荧光灯、汞灯、钠灯等都属于该类。

图2-3-3 光线产生的光斑变化

图2-3-4　反光灯带产生的立体变化

3.3 适合装饰艺术照明常用电灯有白炽灯和荧光灯等几类

3.3.1 白炽灯

白炽灯的发光原理是当钨丝通过电流时，产生大量的热，使钨丝温度升高到2400K~3000K，达到白炽的程度。白炽灯的主要功能是产生可见光，用于照明。但白炽灯的能量中只有15%左右可产生可见光，剩余能量以红外线的形式辐射出去。其种类有普通白炽灯、反射型白炽灯、磨砂白炽灯以及石英灯杯等。其特点：

(1) 高度的集光性和显色性。

(2) 安装简便，适于频繁开关。

(3) 光效率低，寿命短。

(4) 受电压波动影响较大。

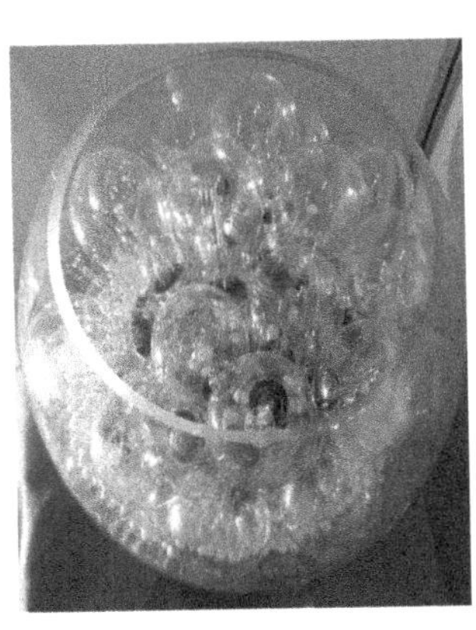

图2-3-5　普通照明白炽灯

图2-3-6　卤素灯产生的聚光照明

图2-3-7　点光源与带光源的配合

由于白炽灯色温在2700K～3000K，因此发出的光与自然光相比较呈红黄色，有温暖感，常适用于家庭、宾馆、饭店及艺术照明等，具有很强的实用性。但白炽灯的热辐射较高，应注意光源的散热性能。另外，白炽灯还有卤素灯、卤钨灯、碘钨灯等多种常见形式。其中卤素灯和金卤灯常用于店面和博物馆的艺术照明。

图2-3-8　金卤灯杯形式

图2-3-10　店面中卤素灯营造的光影变化

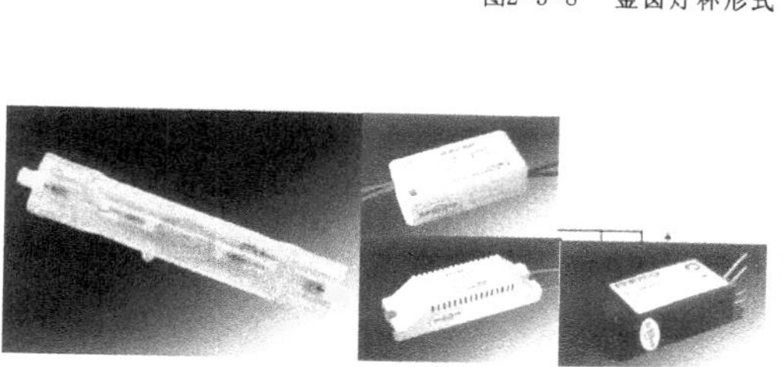

图2-3-9　金卤灯管和变压器

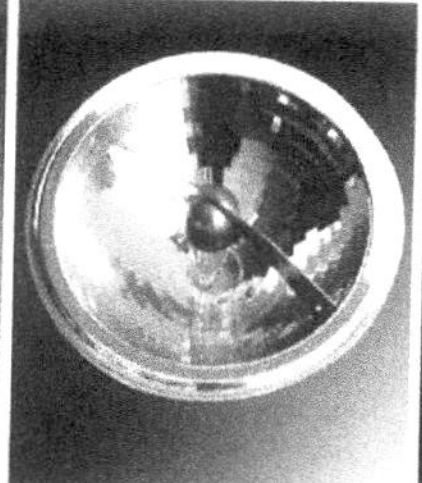

图2-3-11　卤素灯杯形式

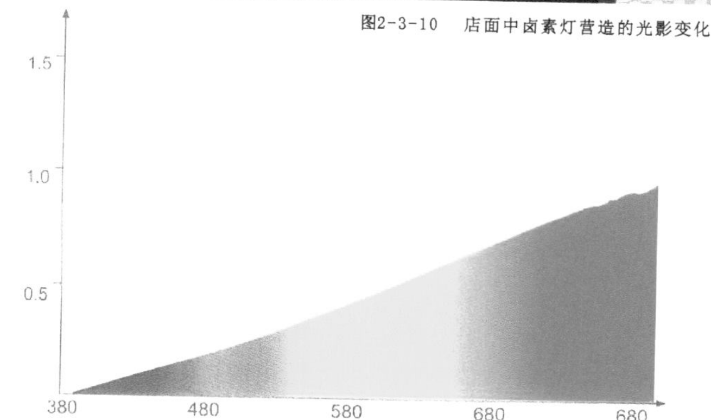

图2-3-12　卤素灯的光谱变化

3.3.2 荧光灯是一种低压汞蒸汽放电灯

荧光灯是一种预热式低压汞蒸汽放电灯，其特点是管内充有惰性气体，管壁刷有荧光粉，管两端装有电极钨丝。通电后，低压汞气开始放电，并刺激荧光粉放电，产生光源，其形状多样。常用荧光灯有三种色温：月光色，色温6500K，近似自然光，有明亮感，使人精神集中，多适用于办公室、会议室、教室、阅览室、图书馆等区域，有较好的照度值，便于人们学习和工作；冷白色，色温4300K，白色光效较高，光色柔和，使人舒适、愉快和安详，多使用在商店、医院、饭店、餐厅等区域；暖白色，色温3000K，与白炽灯近似，红光成分多，给人温暖、舒适、健康的感觉，适用于家庭、住宅、餐厅、宾馆等区域。另外彩色荧光灯是在管壁涂有彩色荧光粉及充入惰性气体，从而产生颜色变化的低压放电灯，主要起装饰作用。

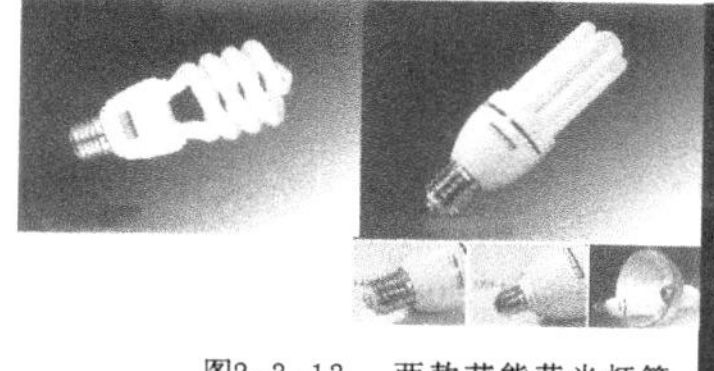

图2-3-13　两款节能荧光灯管

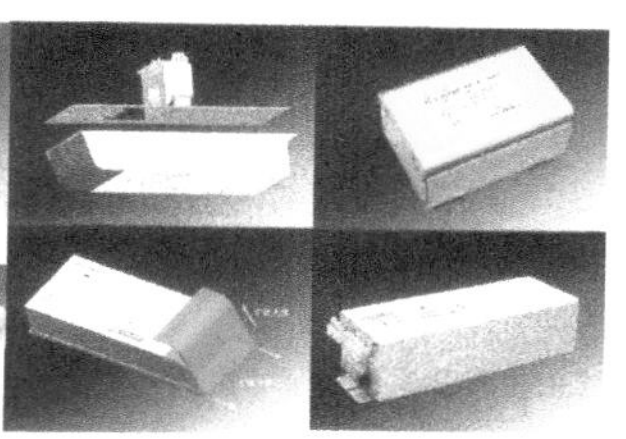

图2-3-14　配套镇流器

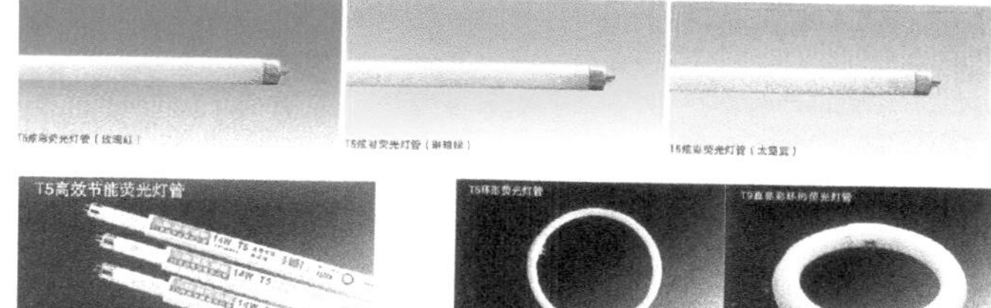

图2-3-15　直棒荧光管和圆形管

图2-3-17　内藏荧光管灯带效果

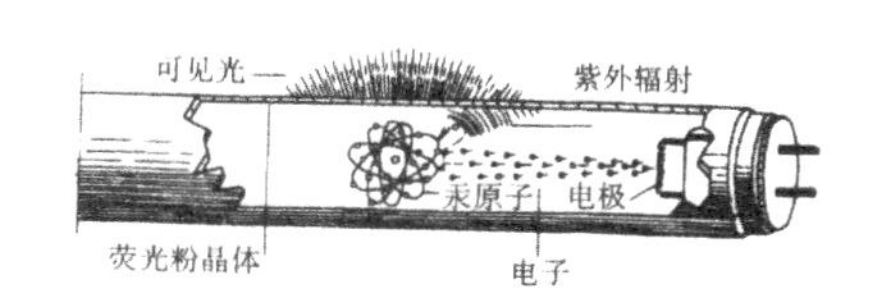

图2-3-16　荧光管构造示意图

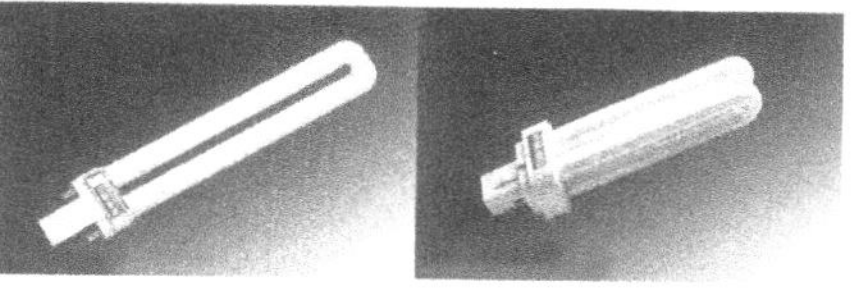

图2-3-18　两款节能荧光灯管

CFL（三基色）荧光灯是较普通荧光灯光效更高的一种低压汞蒸汽放电灯，其管壁涂有三基稀土粉。由于其效率高，显色性好，寿命长，使荧光灯达到新的使用高度。其特点：

(1)有月光色、冷白色和暖白色三种色温，光效高。

(2)寿命比白炽灯长2～3倍。

(3)点燃迟，有雾光效应，不宜频繁开关。

(4)受环境温度影响大。

3.3.3 适用于装饰照明的光源有霓虹灯、激光灯、LED灯及光纤灯等多种

霓虹灯是将封闭玻璃管内抽真空后，充入氖、氩、氦等惰性气体的一种或多种灯具，通过管玻璃的色彩与荧光粉作用，可以得到不同光色的装饰效果，多适用于舞厅、娱乐场所、建筑外立面门头的装饰。要注意的是霓虹灯须通过变压器将10～15kV高压加在霓虹灯上，才可发光，并要有接地保护。

激光灯是通过高科技的激光和电脑控制程序，使灯具产生变化莫测的光线变化，从而达到装饰效果。适用于舞厅、舞台、建筑照明。

LED灯的原理是利用发光二极管作为光源，进行装饰照明的灯具，有多种色彩选择。其最大优点是启动电压低，极为省电，多用于建筑立面轮廓照明，目前成本相对较高。

光纤灯是利用发光机将光线通过光纤丝传送到物体表面，从而达到照明和装饰的目的。它可以做重点照明处理，也可以做装饰满天星效果，而且颜色可以来回变换，具有很强的时代感。适用于博物馆、珠宝店以及娱乐场所。

图2-3-22　LED灯管及在建筑外立面上的运用

图2-3-19　光纤灯营造的满天星效果

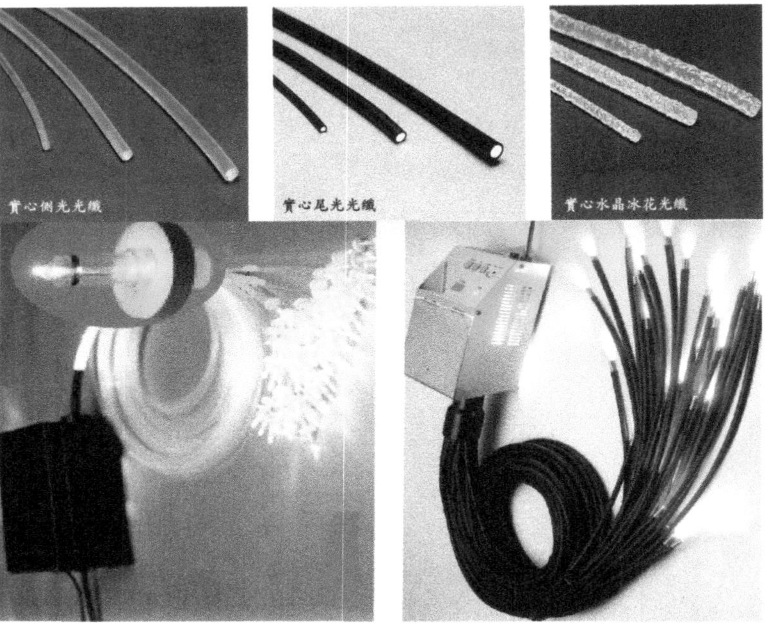

图2-3-20　发光器和光纤丝

3.3.4 其他光源

还有适用于道路、桥梁、厂房照明的高压汞灯、钠灯、氙气灯等。

图2-3-21　霓虹灯灯饰

图2-3-23　金卤灯对建筑的装饰照明

图2-3-24　建筑夜间装饰照明处理

图2-3-25　建筑内部的照明艺术处理

3.3.5 常用照明电光源的性能比较

光源种类 性能项目	白炽灯		荧光灯	荧光高压汞灯		高压钠灯		金属卤化物灯
	普通白炽灯	卤钨灯		普通型	自镇流型	普通型	高显色型	
额定功率范围（w）	15~1000	500~2000	6~125	50~1000	50~1000	35~1000	35~1000	125~3500
发光效率（lm/W）	7.4~19	18~21	27~82	25~53	16~29	70~130	50~100	60~90
寿命（h）	1000	1500	1500~5000	3500~6000	3000	6000~12000	3000~12000	500~2000
一般显色指数	99~100	99~100	60~80	30~40	30~40	20~25	>70	65~85
色温（k）	2400~2900	2900~3200	3000~6500	5500	4400	2000~2400	2300~3300	4500~7500
启燃时间	瞬时	瞬时	1~3s	4~8min	4~8min	4~8min	4~8min	4~10min
再启燃时间	瞬时	瞬时	瞬时	5~10min	3~6min	10~20min	10~20min	10~15min
功率因数	1	1	0.33~0.53	0.44~0.67	0.9	0.44	0.44	0.40~0.61
频闪现象	不明显	不明显	明显	明显	明显	明显	明显	明显
表面亮度	大	大	小	较大	较大	较大	较大	大
电压变化对光通量影响	大	大	较大	较大	较大	大	大	较大
环境温度对光通量影响	小	小	大	较小	较小	较小	较小	较小
耐震性能	较差	差	较好	好	较好	较好	较好	好
所需附件	无	无	镇流器 启辉器	镇流器	无	镇流器 触发器	镇流器 触发器	镇流器 触发器

图2-3-26　暖色背光与灰色调的对比

图2-3-27　光源色彩对空间环境色的影响(1)

图2-3-27　光源色彩对空间环境色的影响(2)

3.4 电光源的特性

通常用一些参数来说明光源的工作特性。制造厂家给出这些参数以作为选择光源和使用光源的依据。说明光源工作特性的主要参数如下：

3.4.1 额定电压和额定电流

指光源按预定要求进行工作所需要的电压和电流。在额定电压和额定电流下运行时，光源具有最好的效率。

3.4.2 灯泡(灯管)功率

指灯泡(灯管)在工作时所消耗的电功率。通常灯泡(灯管)按定额的功率等级制造。额定功率指灯泡(灯管)在额定电流下所消耗的功率。

3.4.3 光通量输出

光通量输出是指灯泡在工作时所发出的光通量。光源的光通量输出与许多因素有关，特别是与点燃时间有关，一般是点燃时间愈长其光通量输出愈低。

3.4.4 发光效率

发光效率是灯泡所发出的光通量F(流明)与消耗的功率P(瓦)之比，它是表征光源的经济性参数之一。

3.4.5 寿命

寿命是光源由初次通电工作的时候起到其完全丧失或部分丧失使用价值时候止的全部点燃时间。

3.4.6 光谱能量分布

说明光源辐射的光谱成分和相对强度。

3.4.7 光色

一般以分布曲线形式给出。光源的光色包含色表和显色性两个方面。

(1)色表指光源发射光的颜色，即从外观上看到的光的颜色。

(2)显色性是指在光源的照明下，与具有相同或相接近色温的黑体或日光的照明相比，各种颜色在视觉上的失真程度。

光源的颜色常用色温这一概念来表示。在黑体辐射，随着温度不同光的颜色也不相同。人们用黑体加热到不同温度时所发射的不同颜色来表达一个光源的光色，叫做光源的色温。

某个光源所发射的光的颜色，看起来与黑体在某一温度下所发射的光颜色相同时，黑体的这个温度称为该光源的色温。某些放电光源，它发射的光的颜色与黑体在各种温度下所发射的光的颜色都不完全相同。所以在这种情况下用“相关色温”的概念。光源所发射的光的颜色与黑体在某温度下发射的光的颜色最接近时，黑体的温度就称为该光源的相关色温。

第4节　照明的基本性质和概念

4.1　光的性质

4.1.1 光是能量的一种存在形式

光以电磁波形式传播，有不同的震动频率（赫兹）和波长（纳米）。光根据波长的大小可分为紫外线、可见光和红外线三个范围。其中：

(1)紫外线是波长10nm~380nm的电磁波，为不可见光。

(2)红外线是波长780nm~1mm的电磁波，为不可见光。

(3)可见光的波长为380nm~780nm，依次呈现紫、蓝、青、绿、黄、橙、红七种色彩。

4.1.2 光是由很小的微粒组成，即光子

自然界中光的吸收、散射及光电效应，都是光子与物质相互作用的结果，常见有以下几种形式：

(1)入射：光线投射到物体表面为入射。

(2)反射：光线或辐射热投射到物体表面以后又返回的现象。

(3)折射：光线倾斜地从一个介质射入另一个介质时，发生光线改向，光线在两种介质中的传播速度不同。

(4)漫射：光经过凹凸不平表面的漫反射，或透过半透明材料的无规律的散射。

(5)散射：光向四周的无规律照射。

(6)绕射：当光遇到障碍物时，发生的弯曲改向调整。

(7)透射：光穿透物体的照射。

图2-4-1　玻璃棱柱对光线的作用

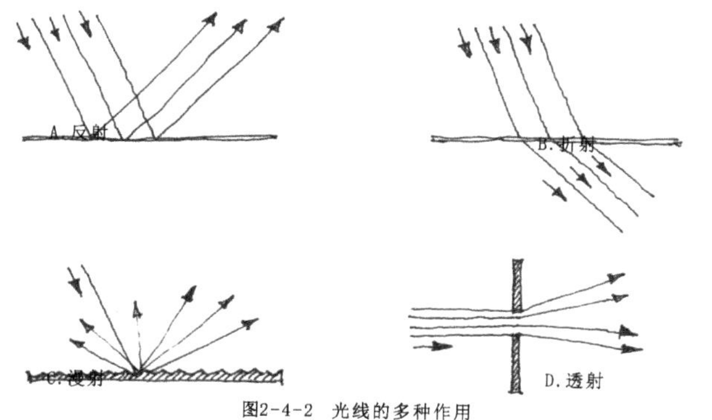

图2-4-2　光线的多种作用

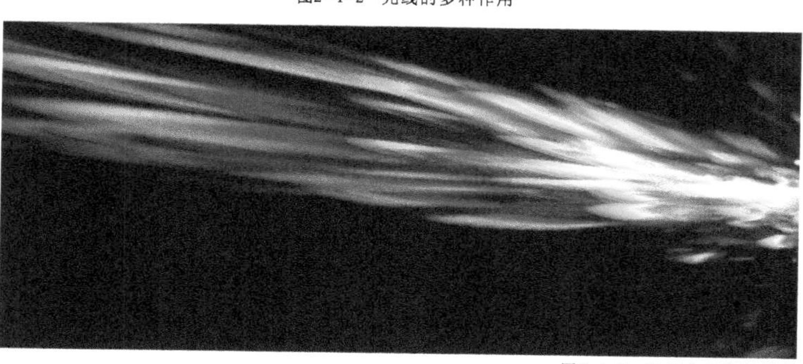

图2-4-3　白光由七色光组成

图2-4-4　光的色彩

4.2 照明质量

光的质量与分布特性影响空间的使用及视觉活动的进行。事实上人们看不见照度而是借由物体射入眼睛的亮度来做视觉判断。光的强弱激发人们不同的视觉感受，以同样功率的光源为例，光束角越小，中心亮度越高，视觉强度的效果也越明显。强有力的光束会造成高对比的视觉焦点，可以制造视觉震撼的特效，同时也可能带来眩光。

图2-4-5　玻璃幕墙使自然光进入室内

图2-4-6　室内空间中的光影变化

图2-4-7　由遮帘间隙透入的自然光为室内空间采光

4.2.1 照度

照度是指光束（即从灯发出的光的总量）到达物体表面的数量。单位：勒克斯（lx）。家居内以书房和工作间最需照明，通常工作台面距地面78cm，便能达到适中照度。在视觉方面，眼睛以工作的精细度和速度分级，要求越高，照度越高。视觉的准确程度直接与照度挂钩。

常用照度值

照度	场所
200 lx	工作台面的最低照度
300 lx	工业的普通照度
500 lx	办公室、商店及商场
750 lx	实验室及仔细的工作
1000 lx	电子厂、印刷厂的分色及布料厂

图2-4-8　文物展示的重点照明

图2-4-9　光线对建筑体量的塑造

4.2.2 亮度

亮度是表征发光面和被照面反射光的发光强弱的物理量。单位：坎德拉（cd/m^2），具有“黑限”和“亮限”范围，介于两者之间范围的亮度则是我们正常能接受的舒适亮度。视觉上的眩光是“亮限”的具体表现。

图2-4-10　自然亮度拉深了空间的景深

(1) 常用最佳亮度值。

50～150 cd/m^2	墙面最佳亮度值
100～300 cd/m^2	顶棚最佳亮度值
100～400 cd/m^2	最佳工作区亮度值
250 cd/m^2	最佳人脸亮度值
2000 cd/m^2	易产生眩光亮度值
5000 cd/m^2	天空平均亮度值

(2)照度和亮度关系。

亮度设计是光环境设计的重要环节，是照度设计的补充。在同样的照度下，被照物体表面材质会因其反射比不同，而亮度不同。

4.2.3 色温

色温是用来描述光源色表的，单位为 K。一只白炽灯的灯丝在2700K的温度燃烧，色温更偏暖。一只3400K的卤素灯的色温偏较白。可见，灯的色温越低，室内感觉越暖。反之，感觉越冷。通过不同色温的光管，可以营造室内或暖，或冷，或中性的颜色效果。

2700K色温

4000K中介

5000K清冷

3000K物体呈紫红色

6000K物体呈蓝子色

色温效果表

色　温	效　果
2700 K	白炽灯的暖色
3000 K	温白色
4000 K	中性白色
5000 K	日光色
6500 K	冷日光色
7400 K	蓝天色

图2-4-11　色温对比

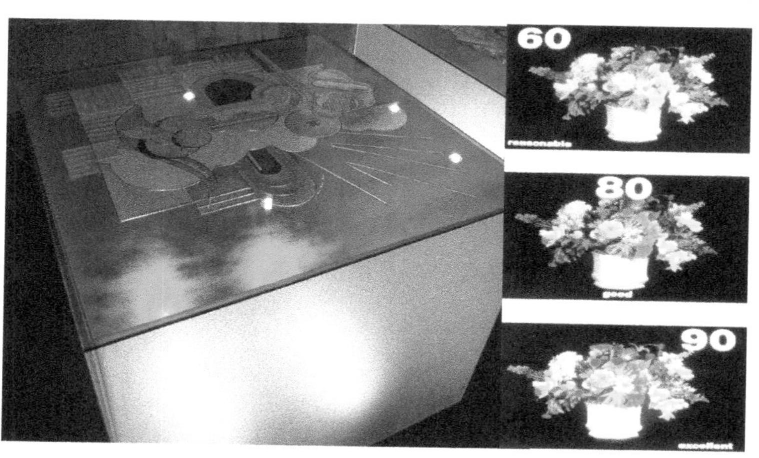

图2-4-12　颜色反映比值对照

4.2.4 颜色反映

颜色反映是以指数从0～100来衡量反映颜色的准确程度，单位 CRI。除了要了解灯的色温外，更要明白在灯光照射下，物体颜色的真实程度。太阳最能够表现真正的颜色，而其CRI也达到100最高值。至于电灯，只有灯泡和射灯有100的CRI，但比较热和耗电。其他灯的CRI则低于100，被照物体的颜色会产生扭曲。当CRI高过80时，眼睛才能接受到物体较真实的颜色。CRI低于80时，颜色将会失真。所以一只冷日光灯的CRI是75，使被照物体很平淡。

光源与颜色反映度表

光源	CRI
太阳光	100
标准灯泡和射灯	100
荧光灯管	75
水银灯	60
高压钠灯	25

色温必须要与亮度有所配合，才能达到预期效果。在有了基本照明时，当色温低，气氛暖，但亮度很高时，会产生闷热烦躁。反之，气氛将会显得阴冷晦暗。在同一环境中可以利用不同色差的灯光，色差越大，对比产生的层次感就越丰富。

4.2.5 眩光

眩光是影响照明质量的重要因素。在视野内有亮度极高的物体或强烈的亮度对比，引起不舒适感，从而造成视觉降低，叫做眩光。

图2-4-13　冷暖光源搭配对室内环境的塑造

图2-4-14　冷白色光源对环境的影响

眩光可以是直射的，也可以是反射的。眩光产生的多种感觉，从轻度不适应至瞬间失明，与眩光的光源尺寸、位置、亮度都有直接关系。眩光是光照环境中的一种干扰因素，常常在室内照明设计中加以避免和控制，但是在某种特定的空间里如迪斯科舞厅，却有意运用闪烁不定的灯光、震荡的音乐、刺激的色彩、晃动的人影共同渲染一种异常奔放的气氛，使人们借助于跳跃的灯光声色，得到美的享受。

4.3 光的色彩

色彩一般通过三种变量加以定义：色相（所有的颜色，譬如红、蓝或绿）、明度（颜色所有的明或暗）和彩度（颜色的强烈程度，它的纯度或淡化度）。

由此，一个浓重的暗绿色可以描述成色相为绿、有着高彩度和低明度的颜色；一个浅淡的、发旧的红色可以描述成色相为红、有着低彩度和低明度的颜色。现有的各种颜色体系都是根据这些标准对颜色进行分类的，其中孟塞尔体系最为著名。它根据色相、彩度和明度值，给出颜色三个数字的定义。孟塞尔体系是一个把颜色的复杂性简化为若干简单变量的卓越的尝试。然而它的结果只能是一种近似，因为色彩是任何特殊物体或表面所反射的不同波长的光作用的结果，正如我们所见，它本身取决于入射光的颜色。

除此以外，我们也可以根据色光在光谱中的波长来描述颜色，这些波长不是固定的点，而是一种比率，波长的任何变动，无论多么细微，都会使光色或物体色发生改变。科学家们认为，人眼可以分辨出可视光谱内多达4000万种颜色，这实际上意味着在一个可变范围内，存在着4000万个人眼可以区分的点。所以研究光的挑战之一就是一个能够得到精确测量的客观物理现象，实际上受到个人、社会、文化和心理感受等诸多条件的制约，而这些条件随着地理位置和时代的不同可能会大相径庭。

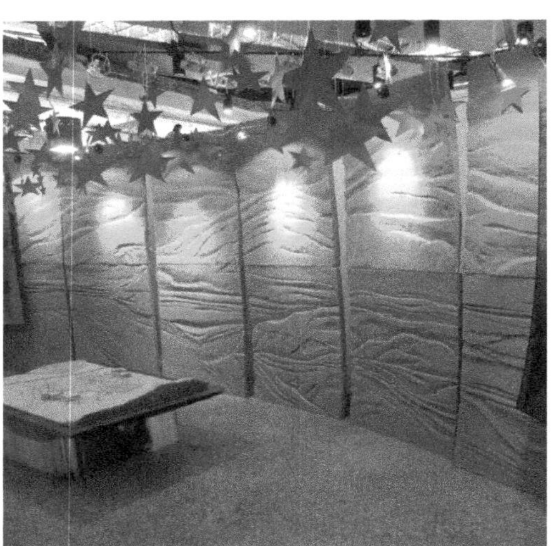

图2-4-15　光色和环境色的联系

图2-4-16　光色对材质肌理的塑造

4.3.1 光色，物体色

光通常是白色的，但当一束光透过玻璃柱时(牛顿所发现)，却显示出白光是由各种色光组合而成的。当白光到达一个彩色物体时，物体的表面会按照其颜色吸收光谱中的一部分而反射其余的部分。因此，一个红色物体吸收了除红以外所有波长的光，就是为什么在白光下我们看到它是红色的。如果光源的颜色不平衡，它反过来又会影响到知觉色。例如，一个红色物体在蓝光照射下会呈现黑色，因为没有红光可供反射。物体表面的物理特性同样决定了它反射或吸收的入射光的比例，这被称作物体或表面的反射系数。因此确定照明的正确色值包含三个组成因素：光源发出的光的颜色、物体或表面的固有色，以及物体或表面的反射系数。

不同的人工光源不会发出均匀的白光。光色的定量指标是色温。根据发出的光可以计算温度,于是无云夏季的白天色温是10000K；阴沉的下午的色温大约是4000K；多云天气的色温大约是6000K。因此，色温是一种强度的度量，而光色的正规分析通常是要分析光源的光谱组成，以光波波长为坐标用图表示，我们可以看到显色性与色温之间的关系：低色温的光源趋向于光谱较低部位红色的一端分量较重；高色温的光源趋向于蓝色的一端。

当我们说一个物体是红色的，实际上是它吸收了照在它上面的白色光光谱中红色部分以外的成分，而把光谱中红色的部分反射出来了。最终分析得知，吸收光的波长和反射能量的强度事实上依赖于被照表面的化学组成。例如我们都知道无论什么颜色的光亮表面，比同颜色无光泽的表面反射更多的光。如果光源的颜色发生变化，那么反射的光色也会变化。最普通的例子是夜间道路照明用的钠灯，其黄光在使物体的形状清晰可辨的同时，却把显现它们颜色的波段减小，于是蓝色的物体看起来是黑色的，或白色的物体看起来是黄色的。这里我们的颜色记忆开始发生作用，让我们能够像在很好的照明条件下那样判断我们所看到的东西。

4.3.2 颜色显色性

颜色显色性这种现象对于照明设计师来讲是极其重要的。不同的表面有其自己的值(它们吸收或反射的颜色光谱范围)。它们也有反射系数值(即无论什么颜色，它们反射的光量)，用绿色的光泽涂料粉刷的墙面有已知的色值并且反射系数很高；同样的墙面刷成无光泽的绿色，色值一样，但由于表面吸收较多的光能，反射系数就低很多。因此对设计师来讲最重要的变量是光色和反射系数。

图2-4-17　光的作用

图2-4-18　光色对物体的影响

图2-4-19　光色对物体陈设的气氛营造

图2-4-20　装饰照明对空间光环境的艺术营造

第5节　灯光的设计与配置

在照明设计中，当房间或工作场所的照度和根据其工作性质用途所选用的照明灯具确定后，就该布置照明灯具的位置了。布置灯具时，通常是要保证在照度最低的地方，具有规定的最小照度，灯具的布置是确定灯具在房间内的空间位置，它与光的投射方向、工作面的照度、照度的均匀性、眩光的限制，以及阴影等都有直接的影响。灯具的布置是否合理还关系到安装容量和投资费用，以及维护检修方便与安全。

5.1 布灯的合理性

灯具的布置要根据房间内家具、床位的摆设，工作环境设备的分布情况，建筑、结构形式和视觉工作特点等条件来进行。布灯的方式有适用于整个工作面照度分布均匀，灯具间隔和行距都保持一定的均匀布灯；有要求局部足够照度的选择性布灯。无论哪种要求，什么形式，都要做到灯具分布合理。

在一个场所内，需要考虑工作人员在任何地方进行工作的可能性，各点照度差别不能过大。一般不低于或高于平均照度的1／6就属于允许范围。从节能方面考虑，均匀度可以有所降低，工厂车间内工作面与通道的照度之比可以为3∶1或4∶1，住宅为10∶1等，加强工作面照明减少辅助部分的照明以节约能耗。

(1)灯具离墙的距离。布灯合理，照度均匀，灯具之间的距离就不应过大，离墙也不能太远。一般要求灯具到墙的距离为灯具间距的1／2。

(2)灯具的距间比分配是否合理，也会影响到合理布光的质量标准。一般情况下，在灯具相同情况下，灯具之间的间距越大，亮度越小。相反，灯具间距过小，将会浪费能源。

(3)灯具的悬挂高度。灯具的悬挂高度对空间的布光质量影响很密切，在照度相同的情况下，会由于灯具的位置或悬挂高度的变化而影响到亮度质量。

图2-5-1　点式光源均布与光带配合

图2-5-2　局部照明突出物体的光影变化

图2-5-3　展厅中常采用灵活的照明手法强调环境气氛并突出重点

图2-5-4 井式反光灯槽既柔和了光线又强调了体积感

5.2 均匀布灯与选择布灯

5.2.1 均匀布灯

在布置灯具时，不考虑室内设施的摆设位置，而将灯具均匀地有规律地排列，以使工作面上获得均匀的照度。在进行均匀布灯时应注意以下几点：

(1)顶棚的整体效果。考虑顶棚上吊风扇、空调送风口、扬声器、火警探头等其他设备的安装，要统一安排，统一布置。

(2)在吊顶房间内，灯具布置时要考虑吊顶材料的安装尺寸，凹凸变化情况，要与室内装饰密切配合。

(3)在商业、宾馆以及安装有玻璃幕墙的建筑中，还要特别注意开灯后的夜景效果。

(4)均匀布灯应多作几个方案，以资比较，选其最佳方案。

5.2.2 选择布灯

灯具的布置主要是根据工作场所设施布置情况，有选择地布置。其优点是能够选择最有利的光照方向和尽可能避免工作面上的阴影，并且还可以减少一定的灯具数量，节约投资，节省能源。在选择布灯时应注意以下几点：

(1)选择布灯的前提是必须保证工作面上的照度标准。

(2)与建筑、结构、装饰形式相配合，艺术格调和谐。

(3)考虑维护、检修方便与安全。

(4)不能产生眩光，避免阴影。

(5)布灯应保证人员、车辆顺利通行。

(6)顶灯与壁灯相结合的问题。比较高大的房间可采用顶灯和壁灯相结合的布灯方案；一般房间以顶灯为好，若单纯用壁灯，会使房间昏暗，不利于视觉工作和安全，不应采用。

(7)布灯应尽量避开与其他施工单位交叉施工。

(8)布好灯后全面检查是否安装牢固，是否调试好灯光角度。

总之，灯具布置的合理与否，是照明设计的主要项目之一。在进行灯具布置时，应把照明技术、一定条件下的社会意义融为一体。灯具布置的图案应符合建筑造型和室内外装饰的要求，长、宽、方、圆格调要和谐统一。布灯还必须满足工作场所的特殊要求，如潮湿、防火、防爆、高温、摄影、手术等。

图2-5-5 红色环境内的不同艺术风格由灯光色彩纹样所决定

图2-5-6　照明与装饰是建筑机能的有效体现

图2-5-7　突出背景可以有效加深景深

5.3 把装饰照明形式和建筑使用要求有机地结合起来

在一个空间内，可能进行不同的活动，在照度、亮度、亮度分布、光线方向和光色的要求上有特殊性。

(1)充分的照度。在一些建筑中，做了许多建筑装饰处理，它们常为人们专心观赏创造条件。同时，整个建筑空间也需要创造开朗、明快的气氛，这些都要求提供充分的照度。但照度的高低应依其特定的环境而定，并不要求千篇一律的明视照度。

(2)舒适的亮度分布。建筑环境的亮度分布是影响人们视觉舒适感的重要因素。明亮给人以宽广感，暗淡则显得狭窄。从适应人眼的习惯来看，最好是采取和自然环境接近的亮度分布。自然界中经常是明亮的天空和较暗的地面，因此在室内可将顶棚处理得稍亮一些。

(3)眩光问题。一般照明中忌讳亮度对比过大，否则影响视度，但在艺术照明中往往利用它取得华丽、生动的闪烁效果。艺术灯具上常使用一些光泽材料，如晶体玻璃、镀金铁件等，使其产生高亮度，视觉上虽受到了一点影响，观赏心理上却得到满足。但仍然应注意亮度对比不能过大，否则将产生眩光而影响观赏。

(4)灯光的方向。利用光的方向不同，形成不同的阴影，可以产生完全不同的观看形象。由于光和影的巧妙结合，充分显示建筑构件的鲜明轮廓，使人获得雕塑感，丰富了建筑艺术表现力。

(5)色调的配合。人工光和天然光的光谱组成不同，因而显色效果也有差别，如果灯光的光色和空间色调不配合，就会破坏室内艺术效果，造成很不相宜的环境气氛。如在以黄、红色调装饰的房间里，使用冷色的荧光灯照明，由于这种灯发出青、蓝光成分多，就会使鲜艳的红、黄色蒙上一层灰暗的调子，破坏了温暖华丽的感觉。如改用发出红光较多的白炽灯，则会产生截然相反的效果，使红、黄色装饰看上去更鲜明，感到温暖华丽。

图2-5-8　在环境照明下物体之间形成的和谐韵律

图2-5-9　空间中环境光的交织

第6节　装饰照明及艺术处理

6.1 建筑装饰照明的处理原则

(1)综合考虑灯具的各种因素。对灯具进行艺术处理时，必须充分考虑它的光特性、光的分布、装饰色彩、材料质感、构件、组合、造型等多种因素的相互影响。

(2)灯光使用应有针对性。整个环境照明和重点对象照明最好有分工。环境照明的任务是在室内有均匀的照度；重点照明的作用在突出艺术装饰或某个需要引人注目的物体上。

(3)同时考虑白天和晚上的艺术效果。特别是晚上开灯后的效果，灯具不仅夜间使用，它在白天也是建筑装饰的一部分，故设计时应考虑白天如何与其他装饰有机地联系起来，形成一个整体。

(4)把装饰照明形式和建筑使用要求有机地结合起来。在一个房间内，可能进行不同的活动，要求有不同的照明条件。特别是一些展览性建筑中，不同展品要求不同的照明方式，应将它们巧妙地组合起来，创造良好的气氛。

(5)传统的灯具艺术形式应与现代照明技术、艺术条件相适应。建筑装饰照明有其特点和个性，应在继承我国传统灯具艺术形式的基础上，结合现代照明技术的新光源、新材料，创造有民族特色、地方特点和时代气息的新灯具。

图2-6-1　聚光照明对材料质感的营造

图2-6-2　自然光影下的材质肌理对比

图2-6-3　建筑化光带在空间中的运用

图2-6-4　光影对色彩的影响

图2-6-5　光影对建筑结构的影响

6.2 建筑装饰照明的处理方法

可把建筑装饰照明处理分为三种类型。

6.2.1 以灯具的艺术装饰为主，将灯具进行艺术处理

这种灯具的形式很多，最常见的有吊灯、壁灯和暗灯。

吊灯的样式很多，有在我国古代宫灯的基础上，结合现代照明技术而成的中国式花吊灯；也有从西方古代用蜡烛的花枝吊灯演变而来的西式枝形吊灯；还有用现代灯具组合而成的花吊灯。

吊灯高度较大，故适用于空间尺度较大的厅堂。放在层高较低的房间内，比例不适，显得压抑。此时宜用壁灯。

壁灯也是一种观赏性灯具，它在室内装饰上起着陪衬的作用，只要布置选配得当，会收到锦上添花的艺术效果，给房间增加生动活泼的气氛；若配置不当，则会破坏房间整体艺术效果而变为多余。

装在墙上的暗灯，本身就是一幅美丽的图画；而装在吊顶内的一组暗灯，既是功能的需要，又是装饰的手段，能大大地增添室内气氛。

图2-6-6　空间中的建筑化照明处理丰富了室内气氛

图2-6-7　竖向反光灯槽对空间高度的影响

图2-6-9　不同环境中光影对建筑空间的塑造

图2-6-8　装饰灯具在空间中与反光灯槽的配合

6.2.2 顶棚的艺术处理

利用顶棚的灯具组合成各式各样的花饰图案，或再与顶棚上的建筑装修结合，形成非常美观的整体，使其具有强烈的艺术感染力。花饰图案不论繁简，只要处理得体，均可获得较好的装饰效果。如一些高级宾馆、饭店的门厅，高级会议厅、宴会厅、大会堂等处照明，让人感到富丽堂皇，蔚为壮观。这种用多个简单而风格统一的灯具排列成有规律的图案，通过灯具和建筑的有机配合取得的装饰效果，大大超过了单个灯具的装饰效果。

这是公共建筑中常用的一种艺术处理方式，特别是在一些面积大、高度小的空间里，效果很好。常用的灯具有暗灯和顶棚灯两种，暗灯装置在顶棚里，开口与顶棚平齐，顶棚较暗，顶棚灯紧贴顶棚上，部分光射向顶棚，减弱了灯和顶棚间的亮度差。

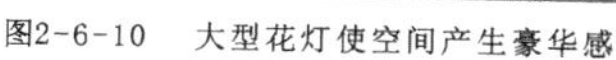

图2-6-10　大型花灯使空间产生豪华感

图2-6-11　中心聚光使空间产生向心力

图2-6-12　展馆的多种布光方式

6.2.3“建筑化”大面积照明艺术处理

将光源隐蔽在建筑构件中，并和建筑构件(顶棚、墙、梁、柱等)或家具合成一体的照明形式，称为“建筑化”照明。建筑化照明也有倾向性，以装饰为主的属一般照明。

“建筑化”照明按其发光特性分为：透光型(如发光顶棚、光梁、光带等)和反光型(光檐、光龛、反光假梁等)。它们的共同特点：

一是发光体不再是分散的点，而扩大为发光带或发光面，因此，能在保持发光表面亮度较低的条件下，在室内获得很高的照度。

二是光线扩散性极好，整个空间照度十分均匀，光线柔和，阴影淡薄，甚至完全没有阴影。

三是消除了直接眩光，并大大减弱了反射眩光。

图2-6-13　空间中基本照明和装饰照明往往相辅相成

图2-6-14　反射顶棚限定了空间区域

(1)发光顶棚。在房间的玻璃吊顶上安装具有反射罩的直射灯具，构成亮度相当均匀而又看不见灯具的发光顶棚。

发光顶棚的效率取决于玻璃吊顶材料的透光系数和灯具的结构。玻璃吊顶采用乳白玻璃或有色玻璃。灯具的间距和灯具离吊顶的高度之比为1.0～1.4。发光顶棚的效率一般为0.5，高的可达0.8。这种照明只适用于高照度的房间，如每平方米顶棚上只装一个40W白炽灯时，室内照度可达150lx。可见在低照度时采用发光顶棚是不合理的，这时可采用光梁和光带。

(2)光梁和光带。将发光顶棚的宽度缩小成为带状，若此发光表面与顶棚表面齐平的称为光带（或反光灯槽）；若凸出于顶棚表面的称为光梁。光盒为间断的光梁或光带，若其间距不大于计算高度的1/4倍时，则为单体光盒。光带的轴线最好与房间的外墙平行，使与天然采光方向一致，可减少阴影和不舒适的眩光。其优点是可以任意构成组合装饰顶棚，造型简单，自成图案，便于现代化施工。

图2-6-15　装饰光带丰富了空间层次

图2-6-16　墙壁与顶棚接口光带的细节处理

(3)成套装置顶棚。将灯具空调装置、消除噪声装置以及防火装置等按一定要求综合排列而成，其优点是各种装置统一布局，结构紧凑合理，并能构成简洁的图案，照明环境舒适，具有现代化建筑的特色。同时，它使用标准规格的预制构件的插接装置的软线供电系统，便于灵活分隔空间，便于施工安装。

图2-6-17　三款顶棚的细节处理营造不同气氛　辉煌　宁静　简洁

6.3 建筑立面照明处理

对有重要意义的楼、堂、馆、所，或有代表性的其他的建筑，以及风景区、城市道路及工厂前区的建筑，一些高级的或大型的商场、宾馆和饭店、车站和码头等建筑，常常需要装设供欣赏的外观立面照明，随着国民经济的发展，这种照明的应用将越来越广泛。

建筑立面照明如果处理得当，可以在天黑之后产生种种动人的效果，因此，研究立面照明方案，应首先掌握建筑物的特点，从不同角度落光时找出最动人的特色。

图2-6-18 商业街区夜间五光十色的灯光照明

6.3.1 建筑立面照明方法

(1) 沿建筑轮廓装置彩灯照明。这种方法基本突出建筑的轮廓，加上彩灯的华丽，能获得一定的艺术效果，但电功率消耗较大，且不易体现建筑物的立体感，照明效果不太理想，一般适用于作中小型建筑和门厅、门卫建筑等的外观立面照明。目前随着照明科技的发展，LED灯具由于耗电小，装饰效果好，而越来越在建筑物的外景照明上广泛采用。

(2) 采用投光灯照明。这种方法能较好地突出建筑的特色，立体感强，照明效果好，并且电功率消耗小，有利于节能，一般适用于作中大型建筑的外观立体照明。

图2-6-19 金碧辉煌的建筑外立面照明

6.3.2 建筑立面照明的设计要点

(1)照明面的确定。建筑物照明究竟从哪个面照射为好，一般应根据观看的几率多少把观看多的面定为照明面。

(2)照度的选择。照度大小,应按建筑物墙壁材料的反射比和周围亮度条件来决定，相同的照度照射到不同反射比的壁面上所产生的亮度也会不同。为了形成某一亮度对比，在设计时还需对周围环境情况综合考虑。如

图2-6-20 照明的形式丰富了建筑的立面

图2-6-21 照明变化使门头精致典雅

图6-22 照明的形式突出了建筑立面的轮廓及图案

图2-6-23 外暗内亮使精彩的室内环境透露出来

图2-6-24　立面照明突出了建筑体积感

壁面清洁度不高，污垢多，则需适当提高照度；如周围背景较暗，则只需较少的光就能使建筑物亮度超过背景；如与被照物邻近的建筑物室内照明灯晚上是开亮的，则需有较多的光投射到被照建筑物上，否则就无法突出效果。

(3)充分利用建筑物或周围环境特点。在进行建筑立面照明设计时，要充分利用建筑物的各种特点(如长方形、正方形、圆形、有垂直线条的立面、有水平线条的立面等)或周围环境特点(如树木、篱笆、围墙、水池、人工湖等)创造良好的艺术气氛。在用照明突出建筑时，一定要注意建筑的阴影变化和体积感，将建筑的虚实之美表现出来。要注意建筑立面的结构变化。往往结构的转折点就是建筑的细节处，重点对此处进行艺术照明处理，会使建筑显得越发精彩。

在用光的形式上要注意趣味性（因建筑性质而定），注意点光源、面光源和线光源的合理配合使用，注意轮廓光和面光的细节处理，建筑照明应抓细节，放大面，才能使建筑外立面充满视觉吸引力。

照明的色彩对建筑影响较大，这包括光源本身冷暖变化，以及建筑立面材质的色彩反射，都应是照明设计时考虑的重点。照明色彩的冷暖变化对建筑的空间塑造有着决定性的影响。

另外，建筑周边的整体环境照明也应做重点考虑，注意与建筑的相互协调性，照明的形式要注意隐蔽性，尤其在人们正常的视线范围内，应避免出现眩光，降低视觉质量，破坏照明效果。

图2-6-27　照明的形式突出了入口的立体感

图2-6-25　照明的色彩变化丰富了建筑表情

图2-6-26　流光异彩的建筑夜景

总之，对于照明来讲，无论是灯具设计，还是建筑空间环境艺术照明设计，都要求具备相关的知识内容。它包括建筑学常识、艺术美学、照明技术、材料工艺等多方面专业知识，还要有丰富的实际操作经验，只有通过多看、多学、多动手、多思考，举一反三，才能逐步提高，最终达到得心应手，挥去自如的境界，为建筑环境的艺术创造绘制美丽的图卷。

图2-6-28　照明的形式突出了建筑的轮廓

第3章　工程照明设计实例

工程实例是检验灯具设计和建筑环境艺术照明设计的最好途径，真实的空间界面范围，多变的照明环境要求，无不考验着设计者的智慧，当设计人能够面对复杂多变的空间环境，从容应对时，空间的艺术魅力将会在光的引导下，走向辉煌。

以下两个空间对照明的要求都很高，在细部处理上，也都很有特色。共同追求至善至美的目标，使设计者的思路得到了最大的释放。

3.1 “钱塘茶人”西安店

“钱塘泛花邀尘客，茶人茗香引清言”。透过钢结构玻璃罩，穿过青砖叠加的月亮门，“钱塘茶人”四个金字大匾映入眼帘。尽眼望去，青砖、粉莲、古佛、翠竹、曲水、门楼等，一片江南美景尽展眼前。

“钱塘茶人”是一家坐在花窗砖雕、宫灯竹帘、门楼古玩之间，点一壶茶，就能尽情享用几十种精致茶点、休闲食品、高档水果和广式笼仔的自助式茶楼。钱塘茶人将自助餐饮融入中国传统茶文化之中，穿梭于古典与前卫之间，引领餐饮消费的主流时尚。

“钱塘茶人”西安店秉乘一贯精致典雅，闲情与时尚的特点,张扬“古典文化的时尚载体，时尚文化的古典表现”之新理念,积极创造另类饮茶空间。尊重传统，但不迷信传统，通过颠覆传统，加入现代元素，给予传统文化新的注释。

整座茶楼共有四层。其中一层为大厅，中心景观是戏台曲水和砖雕门楼。二层为半公共区域，主景观为四角攒尖木制沉香亭。三层为包间，主景观佛台。四层为KTV包间，中心景观半亭水榭。为了更好地营造江南神韵，体现苏派文化，设计在五个方面进行了有益的探讨。第一，主材从苏州引进小青砖和特色壁纸。第二，选购江浙一带的古典艺术品，如安徽砖雕，东阳木雕，慈溪家具。另外，还选择了渭北的拴马桩，山西家具等。第三，空间采用现代构成手法，强调景深，注意立面的进深穿插关系。第四，传统材料和现代材料的对比，如清砖与玻璃，石头与金属，木头与塑料等，产生强烈视觉效果。第五，大胆的色彩处理，如墙面采用明黄为基调，局部的红色，灰色和银色，顶面深灰色等，使空间色彩充满理性表情。

另外，最重要的特点是室内精彩的照明艺术处理。通过独特的人工艺术化照明手段，充分利用光色的多种变化，在精心设计的投光方式下，使一件件精美古典艺术品越发显得美伦美奂，精彩迷人。

钱-1　饰品的照明采用了不同的布光方式，产生极佳的视觉效果

钱-2　色调的冷暖变化加强了空间景深，影壁的聚光照明使空间内亮外暗，从而强调了入口的醒目感

钱-3　一层大厅采用了暖色调光源，并且运用了点面结合的布光方式，空间中背光的雕花门扇和面光的戏台形成室内视觉焦点

钱-4　吧台采用了背光方式，灯光在云石.玻璃和木材的不同肌理下，产生多种变化

钱-5　走廊的墙面采取了不同的材质及造型处理，灯光照明强调了这种变化。由于材质本身有色彩区别，在灯光下颜色发生冷暖调整，形成微妙的环境色彩

固有色是物体本身固有的色彩，如黄色的木材，蓝色的玻璃，黑色的金属等，反映了物体基本信息特征。

环境色是物体周边其它色彩对物体本身的影响。它可能改变物体的色彩倾向，并最终影响环境色调。

影响物体固有色和环境色的主要因素是光线，包括自然光和人造光，尤以人造光为甚。由于人造光源本身有冷暖色温的多种变化，因此对环境中被照物体来讲，色彩具有不确定性，由于这种特性造成了空间色彩的丰富性。

钱-6　玻璃地台暗藏了冷白色荧光管，顶部红色伞饰在光带下异常艳丽，加上木质雕花门扇背景，整个照明空间另类别致

钱-7　拦板下的发光灯盒既有美化作用又有引导功能

钱-8　自助台的暖色光源

钱-9　包间的照明运用了背光和面光的处理手法，强调了层次和景深

钱-10　走廊端景采用了聚光重点投光，周遍幽暗的墙壁上有内发光花窗，延伸了空间感

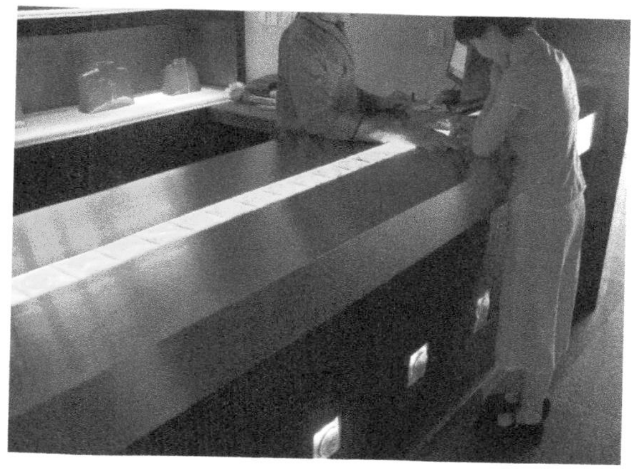

钱-13　柜台采用了条形内发光灯带，表面上覆琉璃片，再与不锈钢台面材质形成强烈对比

钱-14　简洁的纸罩灯饰反射在古朴的雕花窗扇上，时尚又古典。在红色的背景中，体现中式文化的感染魅力

钱-11　顶面花格光带具有明显的导向性

钱-12　饰物的陈列是气氛营造的关键

钱-15（下）　包间的照明运用反射和直射结合的方式，形成顶面层次的变化

钱-16　木亭是空间中的重点，照明选择了侧打光的方式，从而使木制雕花细节表现出来

钱-17　近端的莲花在投光灯下含翠欲滴，远处的艺人在流苏内弹唱着往日的浮尘，时空瞬间静止，一切掩入在幽幽的光线中

钱-18　空间内多种的布光方式，使室内的装饰细节丰富而有特点

钱-19　在半自然光和半人工光源相互交融的环境中，空间产生明显的明度变化，它避免了全暗光线下的压抑感

3.2 丝绸展示馆

秦锦堂是以丝绸展卖为主业的大型卖场，占地约5000m²，位于去秦兵马俑博物馆的黄金旅游线路上，主要服务对象是欧美旅游团队，是集展示、表演、展卖、餐饮为一体的旅游性卖场。作为展厅，是其展示形象，表现服务特色的重要环节，该展厅约500m²，平面呈长方形，有多个通道通向其他服务区域。

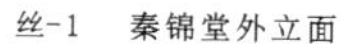
丝-1　秦锦堂外立面

丝-2　秦锦堂室内中堂布置

该展厅设计以内容为主要导向，以展示为媒介，集中展示了丝绸产生，发展，工艺流程的特点和要求，其中主要内容有以下四点。

3.2.1 秦锦堂场景的复制

秦锦堂作为百年老号，在展厅走道入口处复制商号鼎盛时期的一个中堂场景，主要以古典家具和陈设布置为主，其中包括《秦锦堂》横匾一幅，四联竖屏一组，花鸟字画两幅，供案方几一套，掌柜桌一套，丝绸货架若干，通过场景复制，强化商号的文化背景。其目的一是展示字号的久远，二是让游客有个休息的地方。形成展示空间中的第一序列。

3.2.2 以嫘祖立体雕塑为核心的丝绸服饰展示，该内容为展厅的第二序列

嫘祖作为丝绸的发明鼻祖，为后人敬仰。展厅规划在入口正面设置了嫘祖雕塑，以强调丝绸产生的渊源和历史传说。雕塑通过后期陈设和装饰，在灯光的照射下，越显得神秘和端庄。雕塑右首，设计了四个玻璃橱窗，其内安置了四套皇帝妃子的丝绸服饰，按照顺序依次为汉唐明清四个时期的服饰风格，形成了展厅的中心视点区域。

3.2.3 丝绸之路的产生

丝绸之路是中国文明与外来文明交流共融的重要通道，对整个后世影响很大，也是中华文明传播的重要途径之一。

展厅专门设置区域对丝绸之路进行了有形的展示，方法包括两种。一是设置了大型的丝绸之路的喷画，对丝绸之路的历史风情作以介绍。二是通过复制沙海，进行了场景展示，从而让这个古老的文化传播通道在新的历史时期焕发新的光彩。

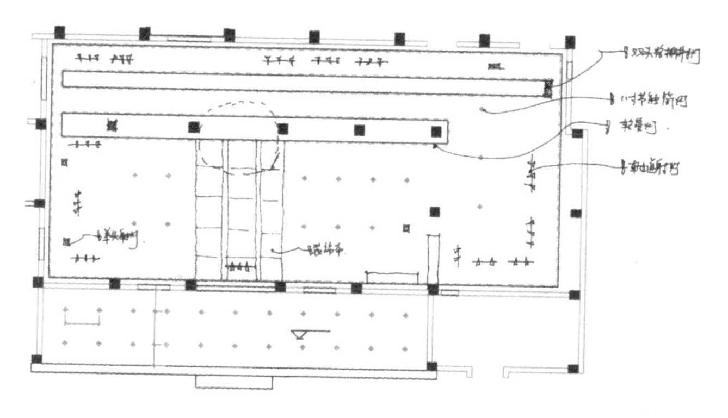

丝-3　丝绸展厅顶面示意图

丝-4　各朝代黄袍展示通过上下灯带投光照明

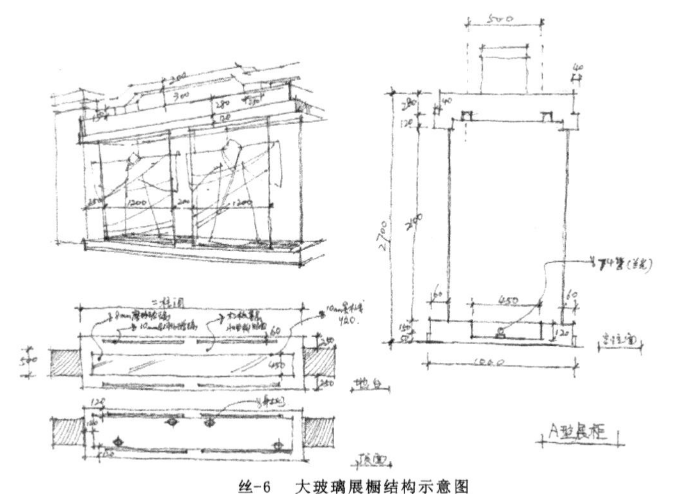

丝-6　大玻璃展橱结构示意图

丝-7　丝绸锦缎纹样

丝-8　展橱的冷光源与周边暖色调形成对比

3.2.4 丝绸工艺史展示

该内容是对丝绸整个生产、制作、加工和保护工艺的全面介绍，通过图片文字和实物的标本展示，使参观者对丝绸基础知识有了了解。其内容主要有以下几点：

① 丝绸的产生。
② 蚕的生活史。
③ 丝绸的制造。
④ 丝绸的染整。
⑤ 丝绸的保养。
⑥ 丝绸的鉴别。
⑦ 丝绸的展示。

丝-5　南宋《耕织图》体现的织丝过程

总之，展厅在以上内容的充实下，结合装修陈设及灯光照明的有效支撑，使整个空间层次分明，流线合理，功能齐全，色彩丰富，达到了业主所要求的初衷。

对于展厅来讲,照明的手段和效果是最重要的；对丝绸展示而言，除了照明外，丝绸的表现角度及陈列方式也需要考虑。

在照明上，为了突出物品，一般空间环境光线要暗,色调要偏灰，以便为展示物品的采光留下充分余地。光的造型形式可采取点、线、面的构成元素，以强化灯光照明的艺术语言，要充分利用光色的冷暖变化突出物体的空间层次，同时还要考虑的是光源的照射方位和距离，以及被照物体的材质反射，这都会影响到我们对最终展示效果的正确把握。

丝绸虽然很华丽，但它也有些缺陷，如容易在强烈光线下变色。为此在照明设计时，一定要注意光源的热辐射对丝绸的损伤，尽可能地控制灯具的照射角度和距离。

丝-9　对于展厅来讲环境的光.色变化在于物体之间的内在联系

丝-10　对于墙面的处理，采取了几何的造型，强调了照明和色彩，背发光的光带使光线柔和，避免眩光的出现，远处橘色展板在灰色的背景里格外醒目

丝-11　《螺祖》雕塑通过顶光和面光的处理，体现了神秘感

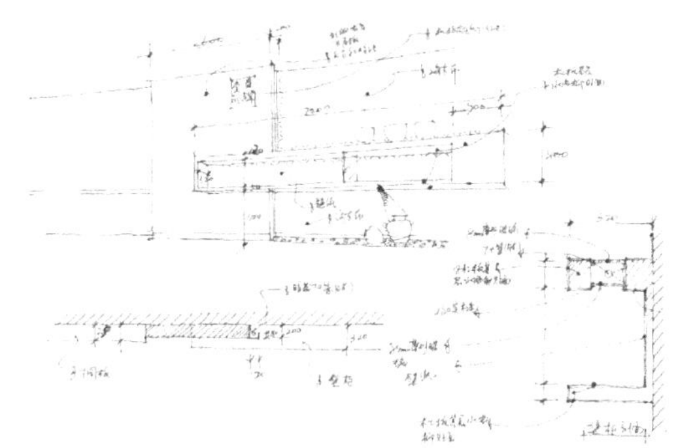

丝-12　造型展墙结构示意图

丝-13　对于巨型长幅壁画的照明，可调轨道射灯显然最适宜

丝-14　展板的图案在聚光灯的照射下十分艳丽，很重要的一点是背景采用了冷灰色处理

丝-15　古代织丝工艺图

丝-16　现代织丝工艺厂区内景

丝-17　展厅里丝绸及原料的陈列方式别具新意，不同的光色产生微妙的变化

丝-18　丝锦图案